中島紀一 編著
農を変えたい！全国集会実行委員会監修

いのちと農の論理

地域に広がる有機農業

コモンズ

農を変えたい！ 全国 3月集会

—自給を高め、環境を守り育てる日本農業の再構築を—

WTO＝グローバリズムの濁流に呑み込まれ、解体・消滅させられようとしている日本農業。「輸出産業に転身すれば、日本農業は大発展」と言い切る小泉首相の「攻めの農政」。

いま改めて、日本農業を守り育てることの意味が切実に問われています。

農業がなくては健康な食生活などあり得ない。豊かな自然もあり得ない。

農業がなくては健全な地域社会などあり得ない。地域の文化もあり得ない。いのちの姿が見えなくなろうとしているいま、改めて日本社会の基本的あり方を問い直すことが迫られています。

農は食を支え、いのちを支え、社会を作り、自然を育てます。

農業が時代に潰されようとしているいまだからこそ、そういう農を育てたい。農を変えたい。新しい農を作りたい。社会を変えたい。いのちを大切にする社会を作りたい。

全国各地のそんな思いを、そんな取り組みを、3月25日東京に持ち寄りましょう。

農を変えたい、3月全国集会へ！

●日時：2006年3月25日（土）受付開始10：30
●場所：日本青年館大ホール（JR中央・総武線各駅停車千駄ヶ谷駅徒歩9分、信濃町駅徒歩9分）
●参加費：集会1,000円　懇親会5,000円（当日受付）
●呼びかけ人（五十音順）：池野雅道（愛農流通センター）・稲葉光國（民間稲作研究所）・宇根豊（農と自然の研究所）・黄倉良二（JAきたそらち）・尾崎零（大阪府有機農業研究会）・片山元治（無茶々園）・下山久信（さんぶ野菜ネットワーク）・中島紀一（茨城大学）・平田啓一（山形おきたま産直センター）
●主催：3月全国集会実行委員会
●3月全国集会ホームページ http://3gatu.net

基本方針6項目

◇ひとりひとりの食の国内自給を高めます。
◇未来を担う子どもたちによりよい自然を手渡すため、日本農業を大切にします。
◇農業全体を「有機農業を核とした環境保全型農業」に転換するように取り組みます。
◇「食料自給・農業保全」が世界のルールになるよう取り組みます。
◇食文化を継承する「地産地消」の実践を進めます。
◇新たに農業に取り組む人たちのための条件整備を進めます。

はじめに――本書の成り立ちと構成

本書は、二〇〇六年三月二五日に東京都の日本青年館で開催された、「農を変えたい！三月全国集会」という一風変わった名称の集会の内容紹介をおもな目的として編集されたものです。当日は、有機農業を軸として新しい農業を創りたい、日本の農業を食べもの、環境、地域、文化の視点を大切にする方向に変えていきたいという思いを共有する約六〇〇名が全国から手弁当で集合。これまでの各地での実践を報告し、これからの農業のあり方について熱く語り合いました。本書では集会での報告からいくつかを選び、当日の発言をもとにしつつ、大幅に加筆・修正した原稿を収録しています。

第1章では、集会の呼びかけ人である中島紀一が、農と食の全体状況と「農を変えたい！三月全国集会」がめざす運動の方向性について問題提起をしました。

第2章では、同じく呼びかけ人の宇根豊さん（農と自然の研究所、福岡県）が、農を変えたい！という新しい運動が共有していくべき新しい「哲学」について、ロマンをこめて展開しています。

第3章は、地域に新しい農と食を育てようとする自治体での取り組みについて、北海道、兵庫県豊岡市、愛媛県今治市からのレポートを収録しました。

第4章は、三月集会の場で参加者からの大きな感動を呼んだ、長崎県の岩崎正利さんの種採りの世界についての新しい原稿です。

第5章は、三月集会で報告された各地の取り組みのなかから、山形県の志藤正一さん、石川県の井村辰二郎さん、新潟県の石塚美津夫さん、兵庫県の橋本慎司さんが、生産者と消費者のつながりや農法の工夫などを紹介しています。

第6章では、有機農業推進議員連盟による議員立法「有機農業推進法」制定に関する動向について、ＩＦＯＡＭジャパンの今井登志樹さんにレポートしてもらいました。

また、三月全国集会の全体像や集会開催までの経過、有機農業推進法に関する資料などについては巻末に掲載しましたので、ご参照ください。

新しい農を創り出そうとする各地の取り組みの息吹を本書から感じ取っていただければ幸いです。

中島　紀一

二〇〇六年九月

もくじ●いのちと農の論理——地域に広がる有機農業

第1章

農を変えたい

――社会の大本《おおもと》、農への期待を拡げたい

中島 紀一

1　農を変えたい！——錯綜するあきらめと期待のなかで

いま「農」をめぐって、「あきらめ」と「期待」が激しく錯綜している。

「あきらめ」については、たとえば農業に関する統計数値に示された動向をあげれば明らかだろう。一九六〇年に六〇〇万戸と言われた農家数は二八〇万戸に減少し、主として農業で生計を立てる「主業農家」はわずか四二万戸になってしまった。国全体の就業人口に対する農業就業人口の比率は、三〇％から四％にまで落ち込んだ。しかも、農業の働き手の六割近くは六五歳以上の高齢者で占められる。農業の基盤となる田畑と言えば、利用率は九割程度に下がり、耕作放棄地は急増している。

しかし、いま「農」への期待感もかつてなく高まっている。子どもたちの殺人事件などが続発するなかで、子どもたちにいのちの意味を伝えることが切実な社会的課題となっている。そこでは、農に関する体験教育の重要性や可能性が強く意識されている。また、ＢＳＥ事件や農薬問題などをきっかけに、食の安全性への関心が高まり、生活習慣病の広がりのなかで健康と食への国民意識はかつてなく高い。健全な食のためには健全な農が必要だという認識も、ごくふつうとなりつつある。

さらに、農家の農業からの撤退が進むなかで、農業外から農業に参入したいと考える人たちも目立って増加しつつある。既存の社会に組み込まれた農業が急速に力を失い、農へのあきらめが広がるなかで、他方では、農に新しい価値観を見つけ出そうとする機運はかつてなく高まってきている。

農の価値を認め、農を大切にしたいと思えば、あきらめの意識を超えて、農を変えたい、新しい農を創っていきたいという方向に向かわざるを得ない。農を守り、農を深めていくには、「農を変えたい、新しい農を創り育てていこう」という意志を鮮明にしていかなければならないのだ。

新しい農は、架空のキャンバスに描き出されるのではない。それは、日本の大地に、そして日本の風土と文化に根ざした新しい営みとして、農のキャンバスに描かれていく。二〇〇六年三月二五日に行った「農を変えたい！三月全国集会――自給を高め、環境を守り育てる日本農業の再構築を」（東京・日本青年館、同実行委員会主催）には全国から約六〇〇名が集まり、各地からの報告のなかで新しい農の具体的姿とそこへ至る道筋が如実に示された。

2　三月全国集会で語られたこと――「農を変えたい！全国運動」へ

呼びかけ人のひとりである大阪府の尾崎零《れい》さん（有機農業農家）は、壇上から次のように呼びかけた。

「経済を基盤に進んできた社会が大きく変化し、保障システムが崩壊している。この時代に新しい運動を進めるのであれば、いままでのシステムを捨てなければならない。これまでの延長ではなく、すべてを変えるという姿勢でのぞまなければ、時代に対応できない。そのなかで、どうしても変えられないものは何なのか、われわれがよって立つ原点について本質を見定めていくことが必要だ」

また、同じく呼びかけ人の黄倉《おおくら》良二さん（JAきたそらち代表理事組合長）は、こう語った。

「いま社会は深刻な危機に陥っている。飢え（心、身体、社会の飢え）の克服、健康（心、身体、社会の健康）の回復、安全に暮らせる社会（心、身体、社会の安全）の構築。これらの課題はいずれも、農業と農村社会が健全でなければ達成できない。食べものはいのちであり、農業はいのちを育てる営みだと、声を大にして言いたい」

そして、特別報告に立ったツルネンマルテイ参議院議員（有機農業推進議員連盟事務局長）

は有機農業推進法の制定に関して次のように述べた。

「これまで有機農業の関係者が、有機農業の将来を信じてあらゆる困難に耐え、公の支援も受けることなく数十年間にわたって頑張ってこられたことに、心からの敬意を表したい。有機農業は国の力、国の宝だ。だからこそ今後、有機農業を普及させるためには、国としてのできるだけの支援が必要だと考え、有機農業推進議員連盟を設立し、有機農業推進法の制定をめざしている。意志あるところに道が拓ける。このことを慣行農業から有機農業への転換をためらっている生産者に伝えたい」

本書は「農を変えたい！三月全国集会」の報告の意味も含めて編集したが、全体として示されているのは、「農を変えたい！」の実践はすでに各地、各分野で多彩に進んでいるということだろう。

六〇年安保の翌年である一九六一年に農業基本法が制定され、農業近代化が国をあげて取り組まれた。その結果、六〇年代後半には、農薬問題に象徴される農業近代化の歪みが噴出し、農業の路線転換が意識されるようになり、七一年に日本有機農業研究会が設立されている。経済万能、消費万能の時代にあって、農業以外の分野でも、自然や文化を大切にした新しい暮らし方を求めるさまざまな運動がこのころにスタートした。「生産者」と「消費者」という対立構造を超えて、共に現代を生きる「生活者」という共通項を拡げながら新しい時代を拓いていくことが語られるようになる。

振り返れば、「農を変えたい！」という志と取り組みは、このころに社会的な出発があった。以来三五年を経て、農業は新しい視点からさまざまに捉え直され、新しい農の価値と形が、少しずつだが紡ぎ出されてきている。すでに各地で、風土をふまえた「農を変えたい！」という具体性のある実体がつくられていることが、三月集会では鮮明に示された。こうした各地、各分野の動きが結び合い、社会全体を巻き込んだ大きなうねりへと進めていくことが共通認識となり、「農を変えたい！全国運動」がスタートしたのである。

3　農の危機――その様相

冒頭でも少しふれたが、農業近代化政策がつくり出した農の危機の様相と、「農政改革」の名で進められている農政の動向について、ここで簡単にスケッチしておこう。

表1　農家数の推移　（単位：1000戸）

年	総農家数	内訳	
		販売農家数	自給的農家数
1990	3835	2971	864
1995	3444	2651	793
2000	3120	2337	783
2005	2837	1952	885

（資料）農林水産省「農林業センサス」。

表1には農家数の激減の様相を示した。一九九〇年には三八四万戸あった総農家数が二〇〇五年には二八四万戸と、ちょうど

一〇〇万戸減少している。一五年間で二六%の減少である。ちなみに、六〇年の総農家数は六〇五万戸だった。農家を販売農家と自給的農家に区分すると、自給的農家数には大きな変化はない(八六万戸→八九万戸)、総農家数の減少は、もっぱら販売農家数の減少によるものだった(二九七万戸→一九五万戸、三四%の減少)。

図1　農地面積と耕作放棄地の推移

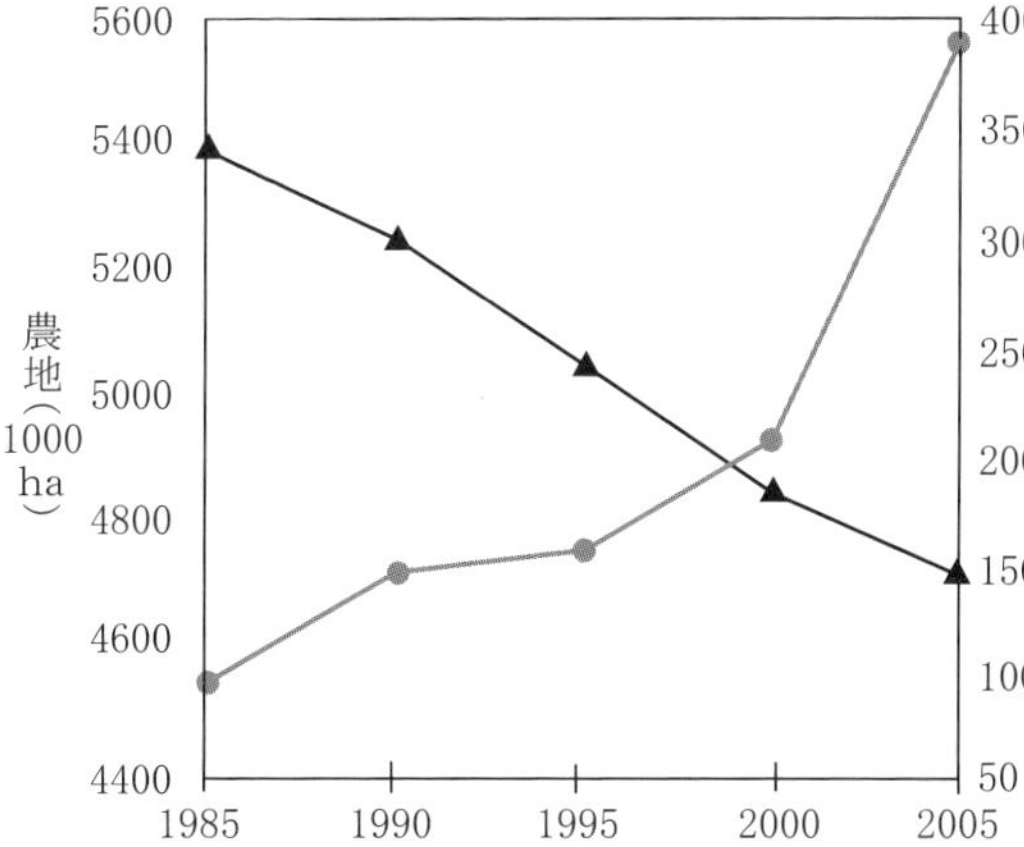

(注)▲農地(1000 ha)、●耕作放棄地(100 ha)。
(資料)農林水産省「耕地及び作付け面積統計」。耕作放棄地面積は農林水産省「農林業センサス」。

販売農家は、主として農業で生計をたてる「主業農家」と、生計の中心は農外収入に依っており農業は副業的位置にあるという「副業的農家」に区分されている。崩壊は実は、日本農業の背骨ともいうべき主業農家においてさらに激しい。九〇年には八二万戸あった主業農家は、〇五年には四二万戸へとほぼ半減しているのである(四九%の減少)。

農業の基盤である農地面積も、大幅に減少している。図1に農地面積の動向を示した。

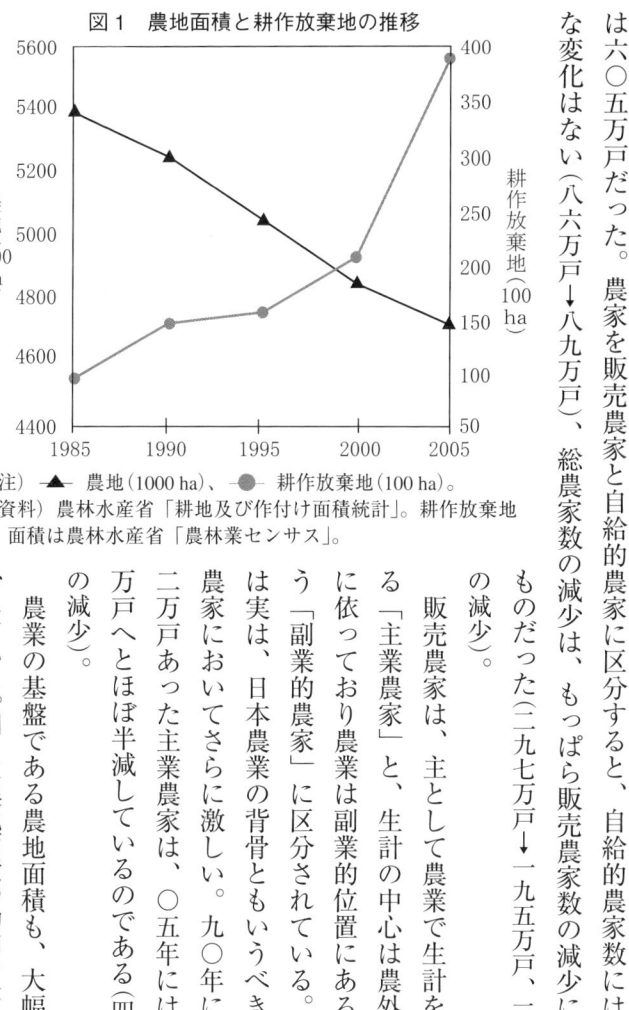

表２　農業就業人口の推移(販売農家)

年	農業就業人口(1000人)	65歳以上(1000人)	65歳以上の割合(%)
1990	4819	1597	33.1
1995	4140	1800	43.5
2000	3891	2058	52.9
2005	3337	1940	58.1

(注)「農業就業人口」とは、「自営農業のみに従事した者または自営業農業以外の仕事に従事していても年間労働日数でみて自営農業のほうが多い者」のことをいう。
(資料)農林水産省「農林業センサス」。

六〇年に六〇七万ヘクタールあった農地は、〇五年には四六九万ヘクタールに減少している。二三％の減少だ。日本の農業は多毛作(同じ農地で一年に何回も作付けする)が特徴とされており、六〇年には農地の年間利用率は一三四％だったが、九三年には一〇〇％に減少し、〇三年には九四％にまで下がった。耕作放棄地は、八五年の九万ヘクタールから〇五年の三八万ヘクタールへと急増している。農地面積が減少し、農地利用率が低下し、耕作放棄地が増加する。これが農業の基盤となる農地の動向なのである。

農業を担う働き手(農業就業人口)については、表2に示した。九〇年には四八二万人いたが、〇五年には三三四万人へ一四八万人の減少である。しかも、働き手の年齢構成を見ると、六五歳以上の比率が一段と高くなっている。九〇年には三三％だったが、〇五年は五八％だ。働き手は減少し、高齢化が進んでいるということである。

表3　食料自給率の推移　(単位：%)

年度	供給熱量自給率	穀物(食用+飼料用)自給率	品目別自給率 米	小麦	大豆	野菜	果実	鶏卵	牛乳・乳製品	牛肉	豚肉
1960	79	82	102	39	28	100	100	101	89	96	96
1965	73	62	95	28	11	100	90	100	86	95	100
1970	60	46	106	9	4	99	84	97	89	90	98
1975	54	40	110	4	4	99	84	97	81	81	86
1980	53	33	100	10	4	97	81	98	82	72	87
1985	53	31	107	14	5	95	77	98	85	72	86
1990	47	30	100	15	5	91	63	98	78	51	74
1995	43	30	104	7	2	85	49	96	72	39	62
2000	40	28	95	11	5	82	44	95	68	34	57
2005	40	28	95	14	5	79	41	94	68	43	50

(資料) 農林水産省「食料需給表」「流通飼料便覧」。

そうした日本農業の著しい後退のなかで、食料自給率は表3のように極端な低下の一途をたどっている。食料供給カロリーに換算して表示した供給熱量自給率は、六〇年度には七九%あったが、七〇年度には六〇%、八〇年度には五三%、九〇年度には四七%、九八年度以降は四〇%という状況だ。穀物自給率は、六〇年度の八二%から九七年度には二八%まで減っている。

品目別では、米九五%、小麦一四%、大豆五%、野菜七九%、果物四一%、牛肉四三%、豚肉五〇%である(〇五年)。野菜については中国などからの輸入急増で急速に自給率を下げ、牛肉についてはBSE(いわゆる狂牛病)問題によるアメリカからの輸入中止で自給率が高まった。

経過を振り返ると、日本農業の今日の危機は、八五年を期に一段と深刻化している。この年の九月、ニューヨークのプラザホテルで開かれたG5(先進五カ国)蔵相会議で大幅な円高が合意された(プラザ合意)。当時一ドル二四〇円程度だった為替相場が、これを期に一気に一ドル一二〇円へと変化していく。これによって農産物輸入は倍以上に急増し、以来、国内農業は構造的な経営危機に襲われ続けている。したがって、今日の農業危機はグローバル経済による危機と言うことができる。

そしていま、一気に合意へ進むと思われたWTO(世界貿易機関)の交渉は中断されているが、農産物貿易の自由化のいっそうの推進という流れは変わっていない。貿易制限はすでに全廃され、関税についてもアメリカなどからさらに大幅な引き下げが押しつけられようとしている。大量の外国米輸入という事態も起こりかねない。

こうした危機的状況のなかで、いま政府は「農政改革」を進めている。その理念の力点は、以下におかれている。

「これまでのバラマキ的農民保護の農政が日本農業をダメにした。これからは農業に競争原理を導入し、農家を厳しく篩《ふる》い分けし、伸びる農家に支援を集中する」

「これまでの農政は生産者保護に偏っていた。それが、BSEなど食の安全を脅かす事態を生んでしまった。その点を改めるために、今後は消費者に軸足をおいた農政に転換する」

また、「環境を重視する農業」の推進も「農政改革」の課題の一つにあげられているが、これについては政策構築が遅れている。

これからの日本農業を考えれば、若くて意欲ある農業者が多数生まれてくるのが望ましいことは言うまでもない。しかし、現実の日本農業の過半を支えているのは、高齢者であり、副業的農家である。今回の「農政改革」はそれら一般の農家を政策対象からはずすというもので、これが額面どおり実施されれば、日本農業は大幅に後退し、食料自給率はさらに低下することが目に見えている。

今回の「農政改革」の中心をなす「品目横断型経営所得安定対策」では、農業支援施策は担い手農家（都府県では四ヘクタール以上、北海道では一〇ヘクタール以上の認定農家、あるいは二〇ヘクタール以上の認定された集落営農組織）に集中するという。また、支援施策は麦、大豆、てんさい、でん粉原料ばれいしょの四品目に限定されている。そして、支援策の水準は従来とほぼ同額で、政策対象以外の一般農家への支援は打ち切るという内容であり、実質的には補助金カット政策でしかない。

現実には、政策によって規模拡大を促されてきた大規模農家の経営困難は拡大している。一般農家の農業からの離脱は、担い手農家の地域からの孤立にもなりかねない。

したがって、今回の「農政改革」は、担い手とされる農家が伸びていく可能性すら摘んでしまう施策だと言わざるを得ない。こうした「農政改革」の推進は、日本農業を危機に追い込んできた農業近代化路線の延長でしかなく、その推進が農業の危機をさらに加速させることは目に見えている。そこには、農業近代化路線を見直し、新しい農を創っていこうとする視点は見られない。

いま農政に求められていることは、近代化農業の路線を切り替え、新しい農の価値を掘り起こしながら、農を変えていくことだろう。それは、経営規模による農家の選別などではなく、新しい時代に農を育てていこうとする社会の意志を明確にしていくことである。そのときまず大切なのは、個別的な政策論ではなく、農を大切にしていく政治のイニシアティブの確立である。

担い手に関して言えば、しぼりこみなどではなく、できるだけ幅広く頑張る農家の意思を掘り起こし、育てていくことだろう。農をより広く国民のものとして開いていくことも、大切な方向だ。さまざまな場面での国民の参画なくして、これからの農業の発展はあり得ない。農業者と一般市民との連携と共感の輪を広げていくこと。めざすべき方向は新しい国民皆農論なのである。

4　新しい農業環境政策の登場と限界

農業環境政策のスタートも、政府の「農政改革」の一つの柱となっている。それ自体は前進だが、内容を見ると重要なボタンの掛け違いがあり、施策枠組みの組み立て直しが必要である。この新しい農業環境政策の登場は「農を変えたい！全国運動」の政策課題と深く関連するので、問題点について少し解説しておきたい。

新しい農業環境政策は、新しい食料・農業・農村基本計画に示された「農業が本来有する自然循環機能を発揮することにより、農業生産の全体の在り方を環境保全に貢献する営みに転換していく」という大きな政策目標の具体化を意図したもので、その政策的意図自体は高く評価できる。タイトルは「農地・水・環境保全向上対策」となっている。名称のとおり、環境をできるだけ汚さないための「環境保全」対策だけではなく、よりよい環境を創っていくための「環境向上」対策も盛り込まれており、従来の政策よりも一歩踏み込んだ内容である。

その枠組みは、「共同活動支援（基礎支援）」（二七〇億円）、「営農活動支援」（三〇億円）、「ステップアップ支援（促進費）」の三本立てになっている。「営農活動支援」は「先進的営農活動支援」と「営農基礎活動支援」の二つからなる。後者では「技術の実証・普及」「土壌・生物等の調査分析活動」などの活動経費について支援される。

また、この保全向上対策は、地域共同活動を大前提として、それぞれの支援策が積み上げ方式で組み立てられている。すなわち、地域ぐるみで「共同活動支援(基礎支援)」を実施している地域において、さらに先進的に減農薬・減化学肥料栽培などに取り組む集団活動への「先進的営農活動支援」、それと関連づけて実施される調査分析活動などへの「営農基礎活動支援」、さらに地域共同活動を高度化させる活動への「ステップアップ支援」という組み立てである。先進的営農活動支援はエコファーマー認定が前提とされている。

このようにこの保全向上対策は、体系的で整った形となっている。だが、積み上げ的な施策の体系性が、実は環境保全型農業展開の現実と大きく隔たっており、結果として各地で農業者の自主性において取り組まれてきた優れた農業実践を支援対象とできないという皮肉な結果となっている。政策立案当局の運用弾力化への工夫にもかかわらず、このままでは、これまでの環境保全型農業実践者・実践グループのかなりの部分は対象外となってしまうだろう。

農薬や化学肥料の使用を大幅に削減する農業、それらをまったく使用しない有機農業などの実践は、現実には、地域的には孤立した点在的取り組みとして展開されてきた。この保全向上対策は、こうした取り組み実態をふまえて、それを支援し、さらに面的にも拡げていく施策にはなっていない。いきなり地域ぐるみの面的な取り組みの実績だけが前提として問われ、さらに農家の営農活動についても、地域内での面的なまとまりのある集団活動だけが対象とされる形となっている。

もちろん、地域における面的な、集団的な取り組み展開は重要だが、環境保全型農業や有機農業においては、まず農業者の意思形成が大前提である。それをふまえた個別的・集団的な取り組みを支援し、拡げることこそが、施策の柱に据えられるべきなのだ。そのうえで、さらに面的な取り組みへと発展したケースには上乗せ支援をしていくという枠組みが本来の体系性だろう。

この保全向上対策は、こうした「体系性」の組み立てにおいてほぼ完全に逆立ちしており、それゆえに先進的取り組みをしてきた農家や農家グループとの協働をむずかしくしている。体系性の組み立てが正しく改められていくことを求めたい。

5　新しい農への胎動――生活密着型農業の展開

食料自給率の向上は、一九九九年に制定された新しい食料・農業・農村基本法に盛り込まれ、重要な国家目標と位置付けられるようになった。二〇〇〇年に制定された食料・農業・農村基本計画では、四〇%にまで落ち込んでいる自給率(カロリーベース)を一〇年後に四五%へ引き上げることを国家計画として定めた。しかし、表3(一七ページ)に示したように、自給率向上は実現せず、〇五年も四〇%に張り付いたままである。〇五年に改訂された新基本計画では、四五%という数値目標はそのままとして、達成期限を五年先送りして二〇一五年とした。

食料・農業・農村基本計画で示された自給率向上へのシナリオは、次のとおりである。自給率が落ち込んできた大きな原因は、「国産農産物の価格が海外産のものよりも高い」「国産農産物は国民の食生活の新しい動向とマッチしきれていない」という二点にある。したがって、国民の食生活動向にマッチした作物を選んで、それを安く供給できる生産体制をつくれば、自給率は向上するだろう。そのためには効率的な生産体制の確立が必要で、規模拡大と新技術の導入、生産コスト削減の取り組みが求められる。

こうしたシナリオはしかし、六一年の旧農業基本法の「選択的拡大」「農業近代化」「農業構造の改善」という政策となんら変わるところがない。旧基本法が制定された時点では七九%だった食料自給率は、旧基本法農政の結果として極端に低下したのではなかったのか。

こんなシナリオで自給率向上が図れるわけがない。自給率向上には食べものと農業についての国民の価値観と行動様式を変えていくことが不可欠なのに、二〇〇一年の基本計画ではそこにまったく踏み込もうとしていなかった。自給率を向上するには、「食を変えよう、農を変えたい」という国民運動の拡がりが不可欠なのだ。

また、自給率向上論には国家レベルでの自給率向上という視点ばかりでなく、地域の場、暮らしの場での自給率という視点もなければならない。地域の自給率の向上はすなわち地場生産・地場消費（地産地消）の推進であり、暮らしの場での自給率向上は生活自給の回復と深まりであろう。

生活自給の基礎には身土不二、すなわち体（人の存在）と土（その土地の自然）は二つに分けることはできないという思想がある。食料自給論の基礎に生活自給を大切にしていく国民意識の深まりがあり、地域には地産地消のにぎわいがあり、そのうえに、国家としての食料自給体制確立のための理念の確立と、それに対応する制度と政策の確立が必要だということになろう。

新基本法制定以降、国の基本計画のシナリオに基づく自給率向上の取り組みが成果を生まない一方で、地域での地産地消の取り組みはめざましく展開していった。

九〇年代初めごろから、各地で地産地消の青空市や朝市が開催されるようになり、現在では農協（JA）も加わって常設の農産物直売所が建設され、にぎわいの場となっている。そこで人気を呼んでいるのは、農家の女性たちが自給用につくっていた漬け物、味噌、ジャムなどの加工品である。地域の風土と暮らしと密着して育てられてきた地元の伝統野菜や伝統料理も見直され、評価されるようになった。地域のお年寄りたちの生活の技が、あらためて地域の食文化として復活してきているのである。

地産地消は学校給食の場面でも大きな広がりを見せている。学校給食は子どもたちの食生活を支え、食のあり方を教える場として、その重要性があらためて認識され出した。そこでは当然のこととして、食材は地元の農家が丹精込めてつくった新鮮で安全な農産物が望ましいという認識が拡がり、学校給食と地元の生産者・農業団体との連携が創り出されつつある。食育基本法の制定はこうした機運を拡げることに役立った。

農家ではない人たちによる家庭菜園の取り組みも人気を集めている。市町村などが開設する市民農園は、多くの地域で順番待ちの状況だ。子育て世代の家庭でも、子育てを終えて生活に少し余裕が出てきた家庭でも、また定年を迎えて新しい暮らしを創ろうとしている家庭でも、自ら耕し、美味しく食べるという自給の営みは、ごくふつうの市民文化になろうとしている。

生活に密着し、地域の風土に根ざした食文化を大切にしていこうとするこうした動きを、生活密着型農業と名付けることができる。政府が農業近代化政策として国をあげて推進してきた産業型農業が深刻な行き詰まりにあるなかで、生活密着型農業は新たな元気を拡げつつある。それは、自然と共にあって、いのち育む営みとしての農業を復権させようとする取り組みと位置付けられる。

遅ればせではあるが、〇五年に改訂された新基本計画では、こうした生活密着型農業のような取り組みについても自給率向上のための方策として位置付けられるようになった。

6　いのち育み自然と共生する農業をめざして——有機農業推進法への期待

先にも述べたように、農業近代化政策が環境汚染を生んでしまうことが明らかになってきた一九七〇年代の初めごろ、農は本来、いのちと環境を育む営みだったはずだという認識から、農業の本来のあり方を取り戻そうとする取り組みが開始された。有機農業運動のスタートである。有機農業は、本来の農業の姿を取り戻し、それをもって農と食と環境に新しい世界を拓こうとする志に支えられたものであり、したがって常に社会運動として存在し続けてきた。

有機農業にとって農薬や化学肥料を使わないことは当然の前提となるが、有機農業の基本理念はそれだけではない。有機農業においては、自然を傷つけないだけでなく、農の営みが自然と共生し、新しい自然を育てていくことが大きな目標とされてきた。また、身土不二の考え方も、基本理念とされてきた。そこでは、自給的な、風土的な暮らし方が重視される。

都市と農村の関係では、自立できる農村のまわりに自身では自立し得ない都市が配置され、両者の提携と交流を進める「農本的な社会構成」がめざされてきた。有機農業は、農を変えることで、新しい暮らしと地域と社会を創り出そうとする草の根からの息の長い運動として取り組まれてきたのだ。

このような社会運動としての展開のなかで、有機農業の理念と実践はしだいに社会的広がりをもつようになる。九〇年代には、それを食と農の一つのあり方として定着させていくことが政策的課題とされる段階を迎えた。しかし、このとき、政策形成は有機農業振興施策ではなく、有機農産物の流通表示に関する規制施策として進んでしまう。そして、その動きは、二〇〇〇年にＪＡＳ法(農林物資の規格化及び品質表示の適正化に関する法律)に基づく有機ＪＡＳ制度として法制化された。

有機ＪＡＳ制度においては、まず国としての有機農産物の詳細な定義が「有機ＪＡＳ規格」として定められる。そして、「有機農産物」と表示し、流通させるためには、この規格を満たしているかどうかが国家認定の認証機関によって認証されることが必要であり、違反者には厳しい罰則が加えられる。〇五年にＪＡＳ法が改正され、この制度は国家管理の有機農産物表示制度としての性格を強めていく。

その結果、有機農業への国家管理の体制が著しく強められ、輸入有機農産物だけが伸びて、国産は伸び悩む。有機農産物の国産比率は一〇％台にとどまり、日本の有機農業は逃げ場のない閉塞状況に追い込まれてしまった。そのなかで、表示管理だけが先行するのではなく、生産振興を優先させた総合的な有機農業推進施策の確立が必要だとの悲痛な叫びが発せられるようになる。

こうした声をふまえて、有機農業を中核として日本農業を再構築していこうとする新しい社会運動がスタートすることになった。〇五年三月二六日に東京で開催された「有機農業振興政策の確立を求める緊急全国集会」がその出発の場となり、それが本年の「農を変えたい！三月全国集会」へと展開していったのである。緊急全国集会のタイトルは「輸入偏重の有機ＪＡＳ制度を見直し、国内有機農業の本格的振興を」であり、サブタイトルは「自給を高め、環境を守り育てる日本農業の再構築をめざして」であった。

ここで重要なのは、有機農業推進の総合施策の構築が必要だという点に加えて、有機農業を閉じられた独自の世界として捉えるのではなく、日本農業の全体的あり方のなかで、めざすべきビジョンとして捉えていこうとする視点が明確に示された点だろう。
○四年一一月には、国会内に「有機農業推進議員連盟」(会長：谷津《やつ》義男衆議院議員)が超党派で結成された。加盟議員数は一六一名へと広がり、議員立法による「有機農業推進法」の制定が準備されつつある。議員連盟の設立趣意書の認識は「緊急全国集会」の認識とほぼ重なるものだった。

では、有機農業推進議員連盟で準備された有機農業推進法は、有機ＪＡＳ制度とどこが異なるのか。それは、有機ＪＡＳ制度が有機農産物の定義とその国家管理体制の確立を軸に組み立てられているのに対して、有機農業推進法では、有機農業を現実に進められている実体のある農業として認識し、そこにこめられている基本理念を法律として位置付け、国や自治体にはそうした理念に基づく有機農業を推進していく責務があるとしている点にある。有機ＪＡＳ制度は有機農産物の定義から出発したが、有機農業推進法は有機農業の基本理念から出発しようとしているのである。

「農を変えたい！全国運動」は、この有機農業推進法の制定を支持し、それと呼応しながら、「自給を高め、環境を守り育てる日本農業の再構築」をめざす取り組みを拡げていこうとしている。そのためには、食と農にかかわるさまざまな取り組みが連携しあい、幅広いネットワークが組み立てられていくことが必要だろう。

「農を変えたい！全国運動」は基本方針として次の六項目を掲げている。

①ひとりひとりの食の国内自給を高めます。
②未来を担う子どもたちによりよい自然を手渡すため、日本農業を大切にします。
③農業全体を「有機農業を核とした環境保全型農業」に転換するように取り組みます。
④「食料自給・農業保全」が世界のルールになるよう取り組みます。
⑤食文化を継承する「地産地消」の実践を進めます。
⑥新たに農業に取り組む人たちのための条件整備を進めます。

有機農業推進法の制定と、こうした基本方針を掲げる「農を変えたい！全国運動」の展開を連動させながら、食と農をめぐる新しいステージを切り拓いていきたい。

〈参照文献〉


「農を変えたい！3月全国集会資料集」農を変えたい！三月全国集会事務局、二〇〇六年。

中島紀一『食べものと農業はおカネだけでは測れない』コモンズ、二〇〇四年。

中島紀一「食と農——危機の現状と再生への希求」『教育』二〇〇六年九月号。

日本有機農業学会編『有機農業研究年報1有機農業——21世紀の課題と可能性』コモンズ、二〇〇一年。

日本有機農業学会編『有機農業研究年報2有機農業——政策形成と教育の課題』コモンズ、二〇〇二年。

日本有機農業学会編『有機農業研究年報3有機農業——岐路に立つ食の安全政策』コモンズ、二〇〇三年。

日本有機農業学会編『有機農業研究年報4有機農業——農業近代化と遺伝子組み換え技術を問う』コモンズ、二〇〇四年。

日本有機農業学会編『有機農業研究年報5有機農業法のビジョンと可能性』コモンズ、二〇〇五年。

第2章

カネにならない価値を抱きしめよう

――「経済」に対抗する原理をもとめて――

宇根　豊

1　新鮮な農本主義

たとえば、手にしている鉛筆を見て、「誰が、どういう工夫を重ねて、どんな工場で、どんな楽しみで、つくっているのだろうか」と考えることは、もうないだろう。かつて鉛筆というものが珍しく貴重だったころには、そう考える人も多かったはずだ。ところが、大量生産でたやすくカネさえ出せば手に入るようになり、労働者の思いとは切れてしまった。その対極を見てみようか。民芸品店に見事な竹カゴが飾ってあった。つい「どうやってこの技を身につけたのだろうか。どこの竹を用いているのだろうか」などと考えてしまう。ここには、まだ職人の存在が、その竹カゴとつながって実感できる。

農産物は、この中間にあると言えるだろう。大根を見ると、「どこで採れたものだろうか」とすぐに「産地」を思うのは、なぜだろうか。「どこで採れたものであっても、安くて、おいしくて、安全なら、いいじゃないの」という気持ちが肥大してきたのは事実だ。それにもかかわらず、産地や栽培した百姓や栽培法に思いがいくのは、どうしてだろうか。「どこで採れたものであっても、安くて、おいしくて、安全なら、いいじゃないの」というのは、鉛筆に向けられるまなざしである。そういうまなざしが強まってきたことに対して、唯一抵抗しようとする「原理」がここにはある。

もちろん、それを「原理」や「思想」などと意識している人は新鮮な農本主義者であって、ほとんどの人は無意識であろう。しかし、ここには近代化されてはいない伝統的な精神がある。決して、自分の健康を維持するための、安全性を確認するための、トレーサビリティを求めるための「産地」や「生産者」へのこだわりではない。それとは似ていて非なるものがあることに、もう多くの人が気づかなくなっている。

この世界は、人間と人間、自然と人間のうるわしい関係で構成されている。その関係を実感させてくれるものが大根であり、竹カゴであり、鉛筆だった。つい先ごろまでは、大根や竹カゴや鉛筆の向こうに、人間と自然が濃密に見えていたのである。その「まなざし」が滅ぼうとしている。経済効率や便利さを求める近代化精神によって、日本では明治時代以来一四〇年かけて駆逐されてきたのである。

だが、このまなざしこそが、近代化に対抗する「原理」である。極端に表現するなら「ありがたく、ひきうけて、食べる。使用する」という気持ちがあるからこそ、生産への思いが、関係への想像が、続いてきたのである。それは、「ちゃんと対価を支払っているのだから、それ以上のお礼は必要ない」という近代的な合理性とは無縁の思いだ。現代においては、いつのまにか「消極的な価値」になってしまったこの関係性を「原理」として認識し、滅ぼうとしているもののために一矢報いようとするのが、新鮮な農本主義である。

現代の日本においては、「原理主義」はあまり評判がいいものではない。それは一つの誤解と一つの嫌悪から生じている。

まず、原理主義とはまったく異なるのに、「原理」という用語のために混同されている「市場原理・主義」で、原理主義という言葉は地に墜ちたきらいがある。「市場原理」という言葉は認めるが、それに「主義」をつけるからには、その「原理」のためには命を捨ててもかまわないという決心が不可欠である。

原理主義とはもともと、命よりも大切な原理のために、命を惜しまないという意味である。なぜなら、原理主義は、近代化に対抗するために生み出されてきたからだ。そのよりどころがあらためて宗教に求められると、「イスラム・原理主義」というような形になっただけである。「市場原理・主義者」なるものは、いない。仮にそう名乗るものがいても、彼ら・彼女らは、命よりもカネが大事だとは考えていないからである。

この「命よりも大切なものに殉じる」という生き方が、現代の日本人には違和感があるだけでなく、受け入れられないのである。だから、原理主義はここでも評判が悪い。しかし、現代社会においてこのグローバル化された「経済」に対抗するには、もう「原理主義」しかないのである。近代的な人間の欲望である「カネ」を相対化する思想としての「原理主義」が育たなくてはならない。

一方、このように大上段に振りかぶるのではない原理主義もまた存在する。それこそが、「新鮮な農本主義」がつぶやく生き方である。「経済よりも大切なもののために、経済を犠牲にして生きる仕事とくらし」が、あるではないか。

その生き方は、この日本でもまだ百姓のなかでは滅びていないと思う。経済的には間尺《ましゃく》にあわない狭い田んぼを耕し、買ったほうが安いのに食べものを自給し、不便なのに先祖や子孫のために村に住み続ける生き方は、滅んではいない。なぜなら、カネよりも大切なものの存在を感じてきたからである。それをあえて何と呼ぶかと問われるなら、「農本主義」という「原理主義」なのだと言うしかない。

2　非経済の尺度と原理

カネだけが闊歩する日本だから、経済性のないものにまなざしを注ぎ、それを豊かに表現する新鮮な（そして古くさい）運動が求められている。なぜなら、私たちの人生とは、経済よりもそうした消極的な価値の、カネにならない関係やものやことで支えられているからだ。消極的な関係やものやことが確保されているから、カネに執着できるのではないか。

そして、そういうささやかなもののためなら命を捨ててもいいと思えるときもあるのだ(子どもや妻や夫や親のために命を捨てるのは、たやすいではないか)。

だからこそ、私たちに求められているのは、いかに多くの豊かな「非経済の価値尺度」を提案し、普及できるかである。その清新な一例は、福岡県の「生きもの目録づくり」への環境支払い政策に見つけられる。この地方の政策が注目されているのは、単に減農薬や減化学肥料の技術に支払われるのではなく、百姓自らが生きものを調べ、生きもの目録を作成し、「めぐみ台帳」として表現する一連の営み全体を大切な時間だとして、支払いの対象にしているからである。ここから、非近代化尺度としてもっとも有効な「生物指標」が生まれ育とうとしている。このことがもっと注目されていい。

有機農業の目的は、単に「安全な食べものを供給する農業」ではなく、農業の近代化に対して非経済の価値尺度を堅持し、対案として掲げることにあった。いや、農業自体が、農業全体が、非経済の価値尺度を手にして立ち上がらなければならなかったのに、蜂起は失敗の連続だった。それは、「原理」への思想化が不十分だったからだ。「原理」を積極的な価値にしようとして、誤ったような気がする。消極的な価値のまま、思想化してもよかったのである。

ある(元)左翼の農業経済学者から罵倒されたことを、いま懐かしく思い出している。私が

「畦に咲く野の花の輝き、稲の上を渡ってくる風につつまれる至福の価値を、これからは評価したい」と発言したときである。「そういう女々しい論理では、農業は救えない。農業所得が下がっているのだから、もっと生産性を追求しなくて何とする」と厳しく批判された。「生産性向上」という近代化精神に対抗できなかったから、かつての「農本主義」は敗北して、いまは見る影もない。それを再興しようというのだから、尋常ではないことはよくわかっている。

私が「農と自然の研究所」に拠りながら、なぜこれほどまでに「生きもの」に拘泥しているのかと言うと、百姓はもう生きものの力を借りるしかないと悟っているからである。この経済至上主義（市場原理主義は正確にはこう名乗るべきだ）とそれを裏打ちする人間中心主義を突き放し、相対化し、超克していくためには、人間の生きものへの「まなざし」を取り戻すことしかない、と思い詰めているからである。もちろん「生きもの」は「自然」と言い換えてもいいのだが、まず足下からやるためには「生きもの」に頭を垂れるところからはじめたほうがいい。

たとえば、消極的な農の価値のひとつである赤トンボを例にとろう。有機稲作や減農薬稲作で秋アカネや精霊トンボが復活したとしても、赤トンボに注がれる人間のまなざしが決定的に衰えさせられている。トンボとかかわる時間も機会も場も少なくなり、そもそも赤トンボにまなざしを向けることの意味を説明しなければ伝わらない。さらに、近代化精神で合理的に説明して納得させなければならない。そして、現代日本人は、赤トンボの意味を自分に言い聞かせるのである。

青年たちに尋ねてみるがいい。「赤トンボを好きですか」と。「好きです」と答えるのは、一〇％もいるだろうか。このように農が生み出してきた自然は、消極的な価値どころか、無価値になりつつある。だから件《くだん》の農業経済学者のような「たかが野の花」という発言を聞くと、私は生きものたちの全権代表として反撃しなければならない。こうした自然をつくりあげた過去の百姓の亡霊となってでも、近代化精神に一撃を加えたい。

旧・農本主義は、明治末期の工業の台頭と農業の衰退を契機にして生まれ落ちた原理主義だが、百姓を勇気づけ、国民の共感を呼び、ある時期の農政の屋台骨をも支えてきた。その思想の半分は伝統的な価値観に根ざし、半分は新しい思想だった。伝統的な価値観とは、一言で言うと「天地有情」を感じる人間の情念である。この情感を今日的に再生できるかどうかが、私たち百姓に問われている。ところが、もうひとつの新しい思想のほうに災いは待っていたのである。

はっきり言っておかなければならないのは、旧・農本主義者は決して村の中でも多数派にはなれなかったということだ。一貫して、多数派は近代化を求める人たちだったなかで、旧・農本主義者が編み出した有力なもう一つの武器が「食糧」である。「農業の役割は、国民に対する食糧の供給である」というテーゼは、彼らが考え出した運動論であった。

近代化に対抗するために、あるいは近代化主義者を抱き込むために、こういう思想が必要だったのである。今日でも国民全体に行き渡っているこのテーゼは、新しく農本主義者がつくりだしたものだった。これが現在では形骸化して、見るも無惨な体をさらしている。「新鮮な農本主義者」である私は、このテーゼに引導を渡さなければならない。

それまでは、農業の価値は積極的に称揚されてはこなかった。なぜなら、そこに存在するだけで意味と価値があったからだ。百姓として生まれて、育ち、生きて、死んでいく。それだけで意味があり、それ以外に何がアイデンティティ確立のために必要であっただろう。ところが、旧・農本主義者は、工業には絶対生産できない命の糧である食糧を武器にしようと考えた。彼らに罪はない。しかし、今日「食糧」はカネさえ出せばどこからでも買える。農業が産業の一つに成り下がった最大の原因は、食糧を武器にしたことにある。

一つの例を考えてみよう。ある百姓がいる。彼の生産した農産物はすべて輸出されているとしよう。「国民への食糧供給」とは無縁の農業である。さて、彼の百姓としての人生にはどんな意味があるだろう。「外貨を稼いで、村の経済に寄与している」と言う人もいるかもしれない。でも、それなら工業でもかまわない。

私は、中国の富裕層に向けた農産物輸出に国民の税金をつぎ込むことを決して許したくないが、彼が百姓としてその村で生きている意味と価値は限りなく大きいと思う。それは、カネにならない価値の大半が（決してすべてではないが）国民向けの食料生産ではない彼の農にもあるからだ。

おわかりだろうか。これが、新鮮な農本主義が旧・農本主義から引き継ぐものである。繰り返すならば、この村やこの国のいとなみに「天地有情」を感じる、人間の情念である。人と人とのつきあいを大切にする情感である。じつに消極的な価値である。国家が守ってくれる価値ではない（しかし、政策は一部を支援できる）。

百姓がこういう世界をカネの世界から守らなければ、誰に守れるというのだろうか。生きものたちの名代として、私はつぶやきつづけてきた。少数派こそが、時代に影響を与えられる。多数派はなりゆきに流されているだけである。この少数派の危険性をも自覚したうえで、やはり新しい農に根ざした原理主義が誕生しなければならない。

3　自然とのタマシイの対話・交流

私はときどきゾッとすることがある。近代化を批判している自分の精神が、近代化精神と通底しているのではないかと、感じたときだ。それほど私も一貫して、近代化教育を受けてきて、ほとんど洗脳されていると唖然とすることが多い。こういう私にとって、身をただし、気持ちを引き締めるよすがは、生きものの生と近代化されていない年寄りの生き方である。ここでは一例として、敬愛する石牟礼道子さんの話に、まず耳を傾けてみよう（石牟礼道子「名残の世」吉本隆明・桶谷秀昭・石牟礼道子『親鸞』平凡社、一九九五年）。

「ご夫婦とも、村の働き神さんの中でも、いちばんの神様だといわれていました。小母さんの方は水俣病の気が少しあるんじゃないかとわたし思っていますが、足がかなわなくなりましてね、病院に行かれた帰りに、いつもわたしの家に寄ってゆかれます。ほんとうにいざるようにして家に寄られまして、

『もうほんに道子さん、蜜柑山の草がなあ、毎日、草が呼びよるばってん、ゆかれんが』

とおっしゃるんです。それで、

『ああ草の声がなあ、切なかなあ小母さん、それで、小父さんはどうしとられますか』と聞きますと、

『もう小父さんも寝倒れるようになってしもうて、夏の間の昼間は、暑うしてたまらんけん、寝ておって、朝と月の夜の夜さりに出て行って、蜜柑山の畑ばしよります』と言われます。それで、その小父さんが、

『男のほうが女より早う逝くけん、おれが死んだあと、おまえに相手してくれるごと、蜜柑山なりと育てておこうわい』

と言いながら、畑にゆかれるのだと小母さんが言われます。小父さんが、

『おまえが蜜柑山に遊びに行かかるごつ、おれが生きとる間は、月の夜さりでも、草なりとひいておこうわい。おれが死んだあと、おまえが友達のおらんけん』と言ってゆかれる。その小父さんも亡くなってこの頃では、小父さんが残してくれた蜜柑山へも、小母さんはとうとう行けなくなりました。それで、近所の人が畑に行く時に、

『小母さん、蜜柑山に行くが、何かことづけはなかかな?』

と声をかけてゆくんです。すると『はあい』と言っていざって出て、山の方をさし覗いて、『わたしゃもう、足の痛うして。行こうごとあるばってん行かれんが…。草によろしゅう言うてくれなぁ』と小母さんが言いなさる」

この話を聞いて、みなさんはどう思われただろうか。もちろん深い夫婦愛を読みとることも可能だろう。だが、私は農が「生業」であったときの豊かな精神を感じる。

自然に働きかける仕事を妻のために用意することの意味を考えてみよう。現在では「蜜柑も過剰で、補助金もらって切り倒しているんだよ」と反論するのは簡単だ。しかし、経済価値を生み出す前に、生き甲斐としての仕事があったのではないか。自分の死後、「妻の

相手をしてくれるように」蜜柑を育てる夫は、カネにならない蜜柑山を残したのだろうか。その程度にしか田畑を見なくなっていったから、大事なものが失われたのではないか。夫は儲かるから蜜柑を植えたのではないし、行政に勧められて植えたのでもない。「妻の相手」をしてもらうために、働く場を創造するために、植えたのである。これが農の初心ではなかっただろうか。

現在の農業情勢では現実離れしすぎている、と思われるだろう。こういう情念が踏みにじられてきたことも事実であろう。だからといって、こういう人間の情感と情愛を忘れていいということにはならない。

石牟礼さんは先の引用に続いて、次のように語りかけている。この講演は、一九八三年八月に出水《いずみ》市(鹿児島県)のお寺で、たぶんお年寄りの聴衆が多いなかで行われている。

「そんな風なお言葉は、ここにいられる皆さんもしょっちゅうお互いに、交わし合っていらっしゃいますでしょう。じっさい人間だけじゃなくて、草によろしゅう言うたり、魚によろしゅう言うたり、草からやら魚からやら、ことづてがあったり、皆さまもよくそういうこと、おっしゃってますよね」

もう現代人には、こういう生きものとの交流は無理なのだろうか。この講演録を読んで私は深く感動しながらも、一つだけよくわからないことがあった。足が不自由になって、蜜柑畑に行けなくなった小母さんは、蜜柑畑の草に「よろしゅう言うてくれ」と言づけする。なぜ、蜜柑の木ではなく、草に言づけするのかが、かつてはよくわからなかった。「草は、除草の対象ではないか。田んぼの草や害虫によろしく、と言うだろうか」と思ったのだ。

私たちは、草よりも果樹を大切にするだろう。経済価値があるものはたしかにありがたい。だが、私たちは「有用性」のとりこになってばかりでいいのか。「草取り」という仕事に生き甲斐を感じてきた小母さんにとっては、草も蜜柑の木も同じ相手なのである。むしろ、草のほうがつきあいが深いのである。「蜜柑はカネになるが、草はならない」というような近代的な価値観に染まる前の人間の原初の情愛が、ここにはある。

百姓仕事はこういう世界に人間を誘ってしまう。だから、仕事自体が楽しみになる。それは、相手がいるからである。生きものが相手だからである。草に美しい花が咲かなくても、取っても取っても生えてきて伸びてくるけれど、草を相手に草取りをしていると、草と同じ世界に生きている情感が生まれてくるだろう。こうした情愛を百姓仕事は育んでしまうのである。

こうした仕事の対象(相手)とのタマシイの交流があればこそ、かつての百姓には「稲の声」や「草の声」が聞こえたのではないだろうか。

たぶん、「こういうものは、科学や学の世界とはちがう世界のことだ」と多くの科学者や指導者は言うだろう。しかし、そうならば、科学とは、学とは、この世のほんの一部しか相手にしていないことになる。それを自覚して科学するならいいと思う。そして、残りの大部分に手を伸ばす「学」や表現法もあっていいだろう。そうしないと、科学でわかる程度の自然や環境しか相手にできない人間が増えていく。

私が「百姓学」（くわしくは『国民のための百姓学』（家の光協会、二〇〇五年）を読んでほしい）を構想しはじめたのは、こういう事情もあった。「自然保護」や「環境保全」という場合の土台にこうした情念がなくては、むなしいだけの言葉の羅列になるのではないだろうか。

近代化思想を撃つためには、テクニックだけでは怖い。たとえば、全国に急速に蔓延していく畦への除草剤散布から草や生きものや風景を救い出すためには、百姓仕事のなかの情愛を蘇生させる動機が必要なのだ。「農と自然の研究所」が、生きものに次いでカネにもならない野の花にまなざしを注ぐのは、そのためのささやかな「対案」なのである。

4　消極的な価値と思想を

「最近の若者は自分のことばかりで、天下国家を語らなくなった」という批判を聞くたびに、何かちがうと思っていた。その原因がこのごろわかってきたのだ。天下国家を論じる人は、むしろ野の花や赤トンボの価値を馬鹿にしてきたのではないか。だから、野の花も赤トンボも守ることができなかったのではないか。

「国やぶれて山河あり」「谷神《こくしん》は死せず」という有名な言葉がある。

国が滅びても、自然や村があれば、人間は生き続けられる。国もいつか再興できるだろう。しかし、野の花や赤トンボが滅びたら、そういう生きもののまなざしが滅びたら、そういうものたちからの声が聞こえなくなったら、荒涼とした国になるだろう。私は、「国家と赤トンボや野の花のどちらをとるか」と、もし二者択一を迫られることになったら、躊躇せずに赤トンボと野の花をとるだろう。これが、新しい農本主義者の気概である。そこからもう一度、天下国家を語り直す若者が現れることを期待したい。

「谷神は死せず」は老子の言葉である。

「谷神は死せず、これを玄牝《げんぴん》という。玄牝の門、これを天地の根という。綿々として存するが如く、これを用いて勤めず」

上山春平さんの解釈を紹介する。

「谷の神は永遠に死なぬ。これを玄妙不思議な女性といってもいい。この不思議な女性の性器は天地の根といってもよい。すべてのものを生みつづけているが、努力してそうしているのではない。これが『老子』からの引用文の表面的な文意である。谷は凹んだ所、低いところである。低いために、そこにおのずと物が流れ集まってきて、豊かな生産力がたくわえられる。『谷神』というのは、低さ、くぼみ、卑しさ、おくれ、等々の消極的ないし否定的な外見が、かえって豊かな生命力、生産力、創造力の条件となっているようなもの、そうしたものの極致を象徴した言葉と解してよかろうかと思う。『玄牝』というのも、同様な二重性をはらんだ象徴と解される。この《谷神》とか《玄牝》といった言葉に象徴される思想を日本の政治思想としてはどうか、と私は考えるのである」（『日本のナショナリズム』至誠堂、一九六五年）

これは農の原理であり、農に根ざした清新なナショナリズム（パトリオティズム）再生の原理になるかもしれない。これを新鮮で穏やかな農本主義の原理に据えたい。残念ながら、上山春平さんはこの発想をこれ以上展開していないが、それは彼が農の入り口で引き返したからだろう。百姓と農がひきとれば、自在に展開できるのではないだろうか。ナショナリズムにパトリオティズムという手綱をつけて農に引きつけ、さらに自然に降ろして、人生に埋め込むのである。消極的な価値として、消極的な思想として。

もともとナショナリズムの土台は、愛郷主義（パトリオティズム）にあった。「農は国の基」というかつての農本主義者のスローガンは、その残骸である。明治以降「国民国家」というナショナルな価値が、近代化を推し進める武器として、一貫して植え付けられてきた。

この国家的なナショナリズムにパトリオティズムは対抗してもきたし、ときには利用されてもきた。いずれにしてもパトリオティズム不在のナショナリズムは、国家の独占物となる。だからこそ、ナショナリズムに利用される積極的なパトリオティズムではなく、消極的な、したたかで、たおやかなパトリオティズムがナショナリズムの手綱となるのである。

国家は「市場原理（市場万能）」を振りかざす。しかし、市場価値がなくても、生産性が低くても、規模が小さくても、所得が低くても、農は生き方なのだから、自分の自在な生き方が国家から近代化という思想で型にはめられる必要はない。

人生の手ざわりと実質は、経済なんかではなく、自分のなかに流れる情念と、生きもの（人間も含む）との交感にあると、私は信じている。たしかに、去年の田んぼの収穫高や所得は、記憶にしっかり残っているだろう。それは数値化できており、記録にも残しているからだ。それに比べて、去年の四月八日に見たキンポウゲのぞっとするような黄の光沢や、九月五日に驚いた風の香りは、もう記憶から薄らいでいる。「ああ、百姓していてよかった」と花を見つめ、風に身をまかせながら、そのときは感じていたのに。

人生とはそういうものではないだろうか。こういう無数の小さな充実と感動の集積に支えられて、私たちは生きている。所得や名誉やプライドは、こうした日々の実感の上部に構築した「方便」にすぎないだろう。その証拠に、仕事に没入しているときはすべてを忘れているではないか。

ところが、現代社会はこうした消極的な時間と空間と実感を軽視する。それに代わって積極的な価値で、あたかも人生が決定しているかのような印象をふりまいている。この積極的な価値の代表が、経済価値である。困った価値である。

この世は、じつに「天地有情」なのに、こういう消極的な世界をあざ笑うように、積極的な価値が積極的な人生を称揚しつづけている。人間が疲れるのも当然だ。だから、積極的な価値を潰すほどの力はないかもしれないが、それにじっくり対抗するモノとコトとして、消極的な価値の代表である「天地有情」を懐にして、ゆっくり歩いていきたいと思う。

若山牧水の歌のなかで、もっともひかれる歌がある。

われ歌を　うたへりけふも　故わかぬ　かなしみどもに　うち追はれつつ

この時代を覆う「かなしみ」の声が、私には日増しに強く聞こえる。

5　近代化を問い直す政策思想

二〇〇五年度から始まった福岡県の環境支払いという画期的な農業政策の精神性を捉ま

えてみよう。この環境支払いでは、一〇〇種の田んぼの生きもの調査を行って、自分の田んぼの生きもの目録を作成すると、一〇アールあたり五〇〇〇円の支援金が支給される。表1（五四ページ）は、生きもの調査を終えた〇五年秋に、この政策に参加した百姓の心境をアンケート調査したものである。

誰も言わないが、この政策は百姓の「労働時間」を増やす、しかも生産のためではなく生きもののための「労働時間」を増やす、いまだかつてなかった政策だと私は思う。「生産性を落とす政策」と言い換えてもいいだろう。ところが、多くのマスコミや農業関係者に見られる反応は、税金の支出対象への関心でしかない。「生物多様性に対する新しいタイプの助成金だ」「地方自治体が国に先駆けて実施する予算だ」というのはまだしも、「また手を変えて農業に税金をつぎ込もうとしている」という反応もある。

一方、行政は「増えた労働時間分の労賃・掛かり増し経費を補う政策です」と語りたがる傾向がある。カネになる世界で、事業の根拠と効果を語ることに慣れすぎて、あるいは「費用対効果」というカネしか考えない事業評価のしくみに浸っているので、カネにならない効果をＰＲするのに臆病なのである。

たしかに、現代の日本人に、農業の生産効率を悪化させることが自然を守ることになると説明するのは、骨が折れるだろう。しかし、福岡県の環境支払いを受給した百姓は、それをできるようになってきたのではないか。それは、なぜなのか。生きものの力を借りるすべを身につけたからだ。「ええっ、たった一年で?」と思う人もいるだろう。生きものに感応する百姓としての能力は、衰えながらも残っているのである。

長いあいだ日本の農政は「生産性向上」の奴隷だった。魯迅ではないが、自分を奴隷だと思っている人は、奴隷ではない。奴隷ではないと思っている奴隷が、本当の奴隷なのであろう。この奴隷状態が、とくに戦後はひどいものだった。

しかし、それはむしろ国民の要望だったのである。「食糧の確保」(農業)に多くのカネと時間を割くよりは、近代化された他産業にカネと時間をまわすのが、国益になり、私益の増大にもつながったからだ。それに農村と百姓が積極的に応じていくための政策が、近代化政策といわれるものの本質だった。この政策にそろそろ終止符を打つ方策が生まれたということだ。

件の旧左翼の農業経済学者はこう言った。「生きものにそそぐまなざしの形成に時間を割いているあいだに、刻々とグローバル化と市場の支配が進行しているのに、暢気なことだ」。まったく、返す言葉がないとは、こういう人たちの思想にだろう。

さて、カネにならない消極的な価値である生きものに焦点をあてて、アンケート項目を見てみよう。

表１「農の恵みモデル地区」の百姓の感想

		いいえ	やや いいえ	やや はい	はい
問1	生きものの名前を覚えたり生きものにくわしくなった	5	46	47	22
問2	こんなことやって意味があるのか疑問に思う	43	46	12	6
問3	生きもの調査をやってみると楽しかった	4	23	58	37
問4	子どもや孫との会話が増えた	18	23	23	19
問5	地域で生きものについての会話が増えた	10	26	33	23
問6	モデル地区になってよかった	6	21	23	33
問7	来年は今年以上に生きものが増えてほしいと思う	0	5	15	89
問8	田回りの回数が増え、一度の田回りの時間が長くなった	7	19	27	31
問9	これだけの金ではやっとられん	6	31	25	24
問10	生きもの調査はむずかしかった	8	16	31	24
問11	75種類の調査対象種を増やしたほうがよい	7	12	20	13
計		114	268	314	321

一見悪い評価になる印象の問いと答えが、問2、8、9、10である。田回りの回数・時間が増えたし(問8)、生きもの調査はむずかしかったし(問10)、これだけの金ではやっとられんし(問9)、やること自体に疑問も払拭されてはいない(問2)。ところが、そう答えながら、同じ百姓が、生きものにくわしくなった(問1)、楽しかった(問3)、会話が増えた(問4・問5)、事業に取り組んでよかった(問6)、来年は生きものが増えてほしい(問7)、調査対象種を増やしてほしい(問

11)、と答えている。

面白いと思わないだろうか。従来の補助事業なら、こうはならないだろう。なぜ、こうなるのだろうか。

百姓はおそらく、百姓になって初めて、生産に役に立たない研修会を受けただろう。そして、生産技術の習得のようにむずかしさを実感しただろう。しかし、やりとげようと思ったのだ。それは、事業だからという義務感よりも、もっと他の動機が生まれたからではないだろうか。

百姓は生きものからの声を、少なからずいままでも聞いてはきたと信じている。しかし、生きもの調査という非日常的な時間のなかで、いままでとはちがう視点で、田んぼと生きものの声を聞き直したのだと思う。それは、深く眠っていた情感が呼び起こされることにつながったのだ。ここには、近代化を真正面から問い直す政策思想が、じつに露骨に提案されている。

子どもたちが生きものに夢中になるように、百姓もまた、生きものと目が合ったのである。情感が深まれば、名前を呼びたくなる。そして、いままで単に「クモ」としか呼んでいなかった虫に、「アシナガグモ」と名前を呼ぶようになっている自分を、発見したのである。しかも、これらの生きものたちは、百姓仕事が自然に働きかけた結果として、そこにずっといるのだから、どうしてもある種の思いにとらわれるのは不思議ではない。

もちろん、この世界は奥行きが深い。まだまだ十分実感していない人、自分に言い聞かせている途中の人も当然いるだろう。そういう人たちも巻き込んで、進められているところにも、すごさがある。もっとも、このすごさはたしかに消極的なものである。しかし、消極的な価値によって人生が左右されることは珍しくないではないか。

とくに、家族や地域での会話が増えたという回答に注目したい。誰でも、学ぶこと、発見することは楽しいのだ。感動したり発見したときは、誰かに伝えたくなるだろう。そのとき新しい言葉が生まれ、家族で、地域で会話がはずむのである。この事業で「語りたくなった」という言葉が各地で聞かれたことに、ほんとうに感心した。積極的な価値についての言葉が日本農学によって主導され、村にあふれた時代に引導を渡すためにも、もっともっと消極的な世界を豊かに表現する言葉が生まれなければならない。

これからの運動は、消極的な価値の積み重ねによって、積極的な価値の底の浅さを暴き、傾かせていく構図になるだろうと、私はこっそり予言する。だから、焦る必要はない。まなざしを深く、足下にそそごう。

第3章

自治体の環境保全型農業政策を拡げよう

1 日本最大の産地のクリーン農業・有機農業

麻田 信二

1 北海道は農業にもっとも適した地域

北海道は厳しい経済状態が続いており、全国との格差も広がってきている。かつての北海道は東洋一の金山はじめたくさんの鉱山があり、炭鉱の街も活気に満ちあふれていた。北洋漁業の恩恵を受けた港町の賑やかさは、いまも語り草である。しかし、日本経済の国際化の進展によって北海道を支えていたものが次々と失われ、じわじわと衰退が進んできた。

北海道大学の農学部長を務めた石塚喜明名誉教授(一九〇七~二〇〇五年。専門は土壌肥料学で、新渡戸《にとべ》稲造や内村鑑三の教えを受けた)は、「一年に一冊は哲学書を読みなさい」と教えた。それは、札幌農学校二期生で新渡戸稲造と同期であった内村鑑三の教えとして伝えられたものである。内村は『代表的日本人』や『デンマルク国の話』など北海道の行政に携わる者にとってバイブル的な著書を残している。「一年に一冊は哲学書を読みなさい」とは、専門馬鹿を戒めたもので、想像力をもてということである。

想像力に欠けたリーダーほど、世の中に害毒を及ぼすものはない。戦争は想像力を欠いた行為の最たるものである。遺伝子組み換え作物の開放系での栽培を私が北海道庁在職当時に規制しようとしたとき、一部のバイオ研究者から「北海道の自殺」との批判を受けた。食料供給基地である北海道は、経済状況が厳しいなか農業・バイオ産業という優位性を最大限に活用して経済の活性化を図るべきであり、遺伝子組み換えという先端技術を自由に使えなくするのは、自殺行為だというのだ。

想像力に欠けた科学技術が、これまで公害問題や薬害事件、発ガン性のある化学物質の利用などを引き起こしてきた。想像力に欠けた人間の行為は、自然環境の破壊や生物多様性の喪失という、人類の生存にとって取り返しのつかない問題に結びつく。二一世紀は環境の世紀といわれているが、科学技術の進歩と経済の拡大が真に人類に幸せをもたらすのか、地球環境という視点から立ち止まって考えなければならない。想像力をもった対応が求められているのである。

環境問題を突き詰めて考えると、人口問題に起因した食料問題にいきつく。二〇五〇年には九二億人に達する人口を養うために、食料をどう確保するのか。そして、どんな食生活をすべきなのか。地球温暖化や生物多様性の喪失によって、食料生産は深刻な影響を受ける恐れが指摘されている。北海道は想像力を働かせて、環境に負荷を与えない持続可能な経済社会をめざさなければならない。

ところが、国際化、高齢化、人口減少が進むなかで、北海道は官依存体質を強くもちながら、公共事業に依存してきた。また、素材生産から付加価値の高い加工組み立て型産業への転換や他府県同様の企業誘致に力を注いできたが、経済は回復の見通しが立たない。原材料を輸入し、人件費をかけて製品をつくり、輸出する産業が、国際的に見て安定した競争力をもつのはむずかしい。国際化という時代の潮流のもとで経済が発展していくためには、地域の資源を活用し、その特色を最大限に活かす産業を振興する以外に方策はないのである。

このように考えてくると北海道は、北海道開拓使が雇ったアメリカ人ホーレス・ケプロン（アメリカ農務局長の要職を辞して来日し、北海道内を調査して開拓使に北海道開発の方法を助言した）が『ケプロン日誌――蝦夷と江戸』（西島照男訳、北海道新聞社、一九八五年）に残したように、気候といい、水資源といい、農業にもっとも適した地域である。現状においても、工業出荷額の約四割を食品工業が占める。

また、農業の営みによって築かれてきたヨーロッパの農村風景に類似した美しい景観は、国内ばかりではなく東アジアの人びとにとって魅力あるものとなっている。これまでのような中央依存・官依存体質から抜け出し、二一世紀の共通の課題である環境と食料問題を道民一人ひとりが真剣に考え、農業・農村が自立していくことが、国際的に見ても望ましい。

新渡戸稲造は、『農業本論』(一八九八年刊行。渡部忠世の『農は万年、亀のごとし』(小学館、一九九六年)で要点が解説されている)のなかで、「農は万年を寿《ことほ》ぐ亀の如く、商工は千歳を祝う鶴に類す」と記しているという。農業を中心とした産業クラスターの形成が、北海道発展の基本になるべきなのである。新渡戸が先駆的に取り組んだ地方学も最近、注目されてきている。いまこそ農業・農村という私たちの足元に目を向け、想像力を働かせながら、自立に向けて歩み出さなければならない。

2　農業振興政策としてのクリーン農業

北海道の農業は戦後、日本の食料供給基地として多くの期待のもとに展開されてきた。日本が高度経済成長に向かうなか、農業従事者と他産業従事者の所得格差の拡大に対応するため、一九六一年に農業基本法が制定された。これに基づいて、農業の構造改善のためにさまざまな施策が講じられ、北海道においては経営規模の拡大と作目の単作化が進んだ。六〇年に六万三〇〇〇戸あまりだった乳牛飼養戸数が、二〇〇五年には一万戸を割っていることを考えると、変化のすさまじさが実感される。その結果、当時約二三万戸あった農家は、〇五年には六万戸を割るまでに減少した。

また、円高が進んで農産物の内外価格差が大きくなり、経済界から農産物貿易の自由化や国内農業過保護論が盛んになった八五年ごろをピークに、政府が決める農畜産物行政価格の引き下げが図られる。さらに、ＷＴＯ（世界貿易機関）体制が発足して市場重視型政策に移行するにしたがい、その傾向は顕著になっていく。

この間、北海道農業の粗生産額は一兆円台を維持している。価格が二〜三割低下しての維持であるから、それは北海道農業の強さを示してきたといえる。しかし、内実は厳しい。八五年と〇五年を比較すると、農家戸数が一〇万九〇〇〇戸から五万九〇〇〇戸に、農業就業人口が二四万七〇〇〇人から一三万一〇〇〇人へ、町村部の人口は一五六万人から一二二万人に、それぞれ減少した。農業の担い手の確保と農村の活性化は、北海道にとって大きな課題となっている。

こうしたなかでも、農業と観光が北海道を元気にする基礎であると多くの人たちが指摘する。だが、今後とも農業就業人口の減少と高齢化が進行していくと、需要に応じた農業生産が維持できなくなり、食品工業が原料供給面で大きな影響を受けることが懸念される。また、健全な農業が展開され、農村に人が住むことによって、美しい景観が守られ、北海道らしい特色ある観光の振興につながるのである。

このように、農業の衰退は食品工業と観光産業に大きな影響を与え、ひいては北海道そのものが衰えていくことになる。地域の崩壊を防ぐためにも、農業の革新と新しい農業振興戦略の構築が求められているのである。

食べ物は生命の源であり、食料の安定確保が重要であるが、そのためには環境に負荷を与えない持続可能な農業が確立されなければならない。全国の消費者が北海道の農畜産物に求めるものは、北海道のクリーンなイメージから喚起される安全・安心・おいしさだ。それに応えるクリーン農業(北海道の冷涼な気象条件を活かした、人と自然にやさしい農業)の推進が北海道農業の振興につながる。

折しも九〇年、数多くのゴルフ場がある北広島市(札幌市に隣接。当時は北広島町)で、初冬に芝の雪腐れ病(雪解け水が溜まると、芝が細菌によって腐り、芝生が禿げ状態になる病気)防止のために散布された農薬が春の融雪期に下流の養殖池の魚に大きな影響を及ぼしている事実が指摘された。これをきっかけに、農業生産における農薬や化学肥料の使用に対する関心が一気に高まる。そして、北海道の恵まれた自然を後世に守り、農業の持続性を維持するために、環境と調和した農業、資源消費型から節約型の農業への転換の必要性が論議されていく。

しかしながら、北海道農業は規模拡大や生産コストの低減など経済効率ばかりを求めて進んできていた。農薬や化学肥料を大量に使用しての収量アップと見た目のよさが優先される生産至上主義が大勢を占め、農業試験場においても農薬や化学肥料の使用が基本であった。研究職員や農業関係者の多くは、農薬や化学肥料の使用を抑制するクリーン農業は従来の農業を否定するものであり、従来農法での農産物が安全でないかの印象を消費者に与えるという懸念をもち、クリーン農業の取り組みに対して大きな抵抗感を示したのである。

したがって、新しい農業への転換に向けてクリーン農業を打ち出すには大きな困難が予想された。そこで、九一年の北海道知事選挙における現職(横路孝弘知事)の選挙公約に、クリーン農業への取り組みを入れてもらい、推進を図ることにした。

生産者団体にも大きな抵抗感があったが、消費者は全面的に応援してくれるだろうとの感触を得ていたので、一般の人たちへのわかりやすさを優先し、「クリーン農業3・3・3運動」という言葉を使った。3・3・3とは、従来の慣行栽培に比べて、①農薬使用三割減、②化学肥料使用三割減、③農産物の三つの要素(栄養・安全・おいしさ)のレベルアップ、を掲げたものだ。

また、農業改良普及員や農業者からは、農薬や化学肥料を節減してもこれまでの収量水準を保てるのかという強い懸念や、これまで指導してきた病害虫防除基準どおりでなくて大丈夫かという意見が出される。そこで、北海道立農業試験場では、収量を低下させないで、農薬や化学肥料を三割削減する技術開発に取り組むことにした。そのとき課題となったのは、研究費の確保である。

北海道庁の予算は、それぞれの部門ごとに前年の予算額を参考に決められる。道立農業試験場で新たにクリーン農業の試験研究に取り組む場合においても、それまでの試験場予算の枠内で行わなければならない。しかし、継続課題や新規課題に予算を割かなければならず、行政側から出されたクリーン農業を進めるための研究課題に多くの予算を割くことはむずかしい状況にあった。そのため、クリーン農業予算のうち試験研究にかかわるものの大部分は農政部の予算で特別に措置することによって、スムーズに着手できた。

このように、北海道が全国に先駆けて環境調和型農業、いわゆるクリーン農業に取り組むことができたのは、当時の横路知事の理解があったことも大きかったのである。

3　有機農業研究への取り組みと公的機関の役割

北海道庁がクリーン農業に取り組んで一〇年が経つと、道立農業試験場をはじめとして農業団体や農業関係者に定着した。クリーン農業を北海道農業のスタンダードにしようというコンセンサスを得るまでになっていく。とはいえ、クリーン農業に取り組む生産者の一層の拡大が課題であった。

同時に、低迷する北海道経済を浮揚させるためには、農政の方針に忠実に従った農業から、消費者のニーズに沿った農業、付加価値の高い農業に転換していくことが強く求められていた。欧米での有機農業の取り組みの動きに比べて日本は遅れており、消費者は安全・安心のレベルアップを望んでいる。クリーン農業技術を進化させるためにも、その牽引車の役割を果たす有機農業の技術開発が必要であった。しかし、有機農業技術は経験的に取り組まれているものが多い。その技術を評価し、必要な技術開発を行い、有機農業技術を総合的に体系化することは、短期間にはできない。

このため、道立農業試験場において長期的な視点に立って取り組むこととし、手始めに、二〇〇三年度に有機農業の実態把握を実施。〇四年度からは、有機農業実践者、流通関係者、行政と試験場とが一体となって、「たまねぎや水稲の有機栽培における生産安定化」や「有機栽培における畑土壌の総合的窒素管理技術の確立」などの課題に取り組み、有機農業を技術的に支援することになった。

今日のように、民間における農業関係の技術開発が盛んになっているとき、公的機関の役割はどこにあるのだろうか。それは、長期的な視点に立って、経済性から見て民間では取り組めない課題に取り組むことであると思う。

有機農業技術は、条件によって適用範囲がきわめて限定されるし、栽培技術として特許を得ることもむずかしく、技術開発に要した経費の回収が期待できない。したがって、民間では取り組みにくい。公的機関が率先して取り組むべきものであると考え、道立農業試験場での取り組みを始めたのである。

4　スローフード&フェアートレードの研究と食の安全・安心条例の制定

一方で、農業の担い手は減少し、高齢化も進行している。そうした現状を打破し、農業を変え、北海道を変えていくためには、クリーン農業・有機農業に取り組む人たちや小規模な農業者、農業外からの新規参入者を支えていかなければならない。そのヒントをイタリアのスローフード運動に求め、北海道スローフード&フェアートレード研究会を私が農政部長になった二〇〇二年につくった。フェアートレードという言葉を名称に入れることについては立ち上げ総会で疑問が出されたが、生産者を消費者が買い支えるという要素を強くしたいという私の思いを通したのである。

この研究会は、北海道農業を変えたいという私の強い思いから、私的に農業者、自治体の首長、流通関係者、消費者・市民運動家、大学教授などに呼びかけて設立した。活動の成果は、「北海道スローフード宣言」として取りまとめるとともに、その後の「どうする食育北海道」の取りまとめや「北海道食の安全・安心条例」の検討など、道庁の食に関するさまざまな取り組みにつながっていく。

北海道スローフード宣言は、三つの基本理念と八つの取り組み方針からなる。

(1)基本理念

①次代を担う子どもたちをはじめ道民の健康的な食生活を守る。

②質の良い安全な食材をつくる地域の農林水産業を支える。

③活気にあふれ個性ある食文化を育む農山漁村をつくる。

(2)取り組み方針

①地産地消を進める。

②生産者と消費者の顔の見える関係を築く。
③食を楽しむライフスタイルをつくりあげる。
④環境との調和を基本に安全で品質に優れた農産物を生産する。
⑤知恵と工夫を活かしたこだわりの加工品づくりを進める。
⑥地域の特色ある食材を守り食文化を育む。
⑦自然が豊かな農山漁村でゆったりとした時間を過ごす。
⑧子どもたちをはじめ道民の食育を進める。

農業に関連する条例としては、北海道農業の革新をめざして、一九九七年に「北海道農業・農村振興条例」を他府県に先駆けて制定した。「北海道食の安全・安心条例」は、〇三年七月の北海道議会での質疑で知事が「制定を検討する」と答えたことによって、検討がスタートする。

北海道農業・農村振興条例は、議会の論議などを経るなかで、農業・農村全体の振興を図る網羅的なものとなった。条例制定によって農業の担い手の育成に重点的に取り組むようにしたいという私の当初の意図は、十分に反映できない面があったのである。そこで、その私自身が農政部長として検討の指揮を執った北海道食の安全・安心条例については、その反省に立って、真に北海道農業を革新できる実効性のある内容になるように努めた。

さまざまな働きかけを調整し、真に生活者たる北海道民の利益につながるものにするため、検討過程の全面公開、透明性の確保を掲げるとともに、道民とともに条例を策定することを基本とした。そして、具体的な検討に入る前段として、一五名からなる条例制定に向けての意見を聞く委員会を立ち上げた。道庁の審議会は一五名からなり、一〜二名を公募、女性委員は三分の一というのが通常の形である。しかし、この委員会は三分の二の一〇名を公募とした。女性委員は、過半数を超える八名である。

条例に盛り込むべき事項についてはたくさんの意見が出されたが、とくに遺伝子組み換え作物の規制を盛り込むべきという意見が多数の委員から出された。また、こうした検討過程を完全に公開していたので、全国から注目を集める。寄せられた「遺伝子組み換え作物の規制を盛り込むべき」という署名は、三〇万を超えた。

北海道食の安全・安心条例は〇五年三月の道議会において、全会一致で可決成立した。それは、道民の健康の保護と消費者に信頼される安全で安心な食品づくりをめざすための基本条例である。日本最大の食料供給基地として、消費者重視の視点に立ち、北海道らしい特色ある具体的な施策を盛り込んだこと、全国で初めて遺伝子組み換え作物の開放系での栽培による交雑・混入の防止に関する措置を盛り込んだことなどがポイントである。

具体的には、農薬・化学肥料を可能なかぎり減らして環境にやさしい農業をめざすクリーン農業や有機農業の推進をはじめ、食育や地産地消の推進、スローフード運動、道産食品の独自認証制度（愛称きらりっぷ。北海道ならではの自然環境や高い技術を活かして生産される安全で優れた食品を認証する制度。原材料や生産工程、衛生管理など独自に設定した基準をクリアしたものだけを認証）など、新しい農業の取り組みが北海道行政をはじめさまざまな取り組みのなかに位置づけられている。その結果、全国に向けて北海道の食の情報発信が可能になった。

5　新しい農業の構築をめざして

これまでは、国が「農業はこういう方向をめざしましょう」とさまざまな計画なるものを策定し、それを実現するための予算措置を行い、地方はそれに従ってきた。しかし、農家戸数・農業従事者の激減に歯止めはかからない。高齢化も進行している。二〇年後、三〇年後の北海道農業を誰が担うのかを考えると、暗い気持ちに陥ってしまう。

その一方で、国内外の他地域と農業資源を比較すると、北海道にはたくさんの優位性がある。それを活かしきれば北海道は発展できるという強い確信をもって、私は農業行政に長らく携わってきた。そのなかで、安全・安心な食品を求める全国の消費者からの北海道に対する熱い期待も強く感じてきた。

農業の基本は土づくりといわれる。その営みは、二〇年、三〇年といわず、限りがない。農業技術にしても、土壌・肥料、作物や家畜の生理、病害虫、発酵、経営法など幅広い学問分野からなっており、その担い手を育てることは容易ではない。持続可能な北海道農業を確立し、美しい大地を後世に引き継ぎ、日本最大の生産地として国民の期待に応えていくためには、地球環境問題や食料問題を他に任せてはならない。個人に何ができるのか、どう生活するのか、担い手を育てるには何が必要かなどについて、遠くを見据えながら、道民一人ひとりが想像力をもって行動していかねばならない。

農業・農村については、これまでも社会経済情勢の変化に対応してさまざまな改革が進められてきた。だが、農地制度や農協のあり方などは従来のまま継続されており、利害構造が恒久化し、ある面において制度疲労に陥っている。このため、農業政策においては、農業を志す人びとがスムーズに参入できるよう、現行の制度を抜本的に見直す必要がある。同時に、上から望ましい農業の姿を示し、それに合致しないものは切り捨てていくのではなく、行政や農業団体組織に過度に依存しない自立した農業者を育てていくという観点が大切となる。

北海道においてこうしたことを進めていくためには何が必要だろうか。第一に、身近な消費者である道民による農業者の支援である。第二に、農業者と消費者との交流の一層の拡大である。第三に、クリーン農業・有機農業に取り組む自立した農業者を増やしていくことである。第四に、スローフード運動に道民みんなで取り組んでいくことである。第五に、食の安全・安心条例の実効性をしっかりと監視していくことである。

これらを一つひとつ実行していくことにより、自立した農業者が育ち、地域の特色を活かした多様な農業、環境に負荷を与えない持続可能な農業が構築できると考える。

2　コウノトリとともに生きる──豊岡の挑戦──

中貝　宗治

1　コウノトリを蘇らせたまち豊岡

コウノトリの絶滅と復活

二〇〇五年九月二四日、五羽のコウノトリが豊岡の空に放たれた。その瞬間、見守っていた数千人の人びとからどよめきがあがり、拍手が沸き起こった。涙を流している人もいた。日本における野生での絶滅から三四年、人工飼育の開始から四〇年、保護活動が明確な形をとってから五〇年。滅びさせまいとする願いは受け継がれ、再び空に帰すための努力が積み重ねられてきた。そして、豊岡は「コウノトリが飼育されているまち」から「コウノトリが舞うまち」へと歩みを進めたのである。

コウノトリは、羽を広げると二メートルもある白い大きな鳥だ。かつては日本のいたるところで見られた。豊岡盆地では里山の松の上に巣をつくり、眼下に広がる「じる田」(湿田)

や円山川《まるやま》水系の浅瀬でドジョウ、カエル、フナ、ナマズなどをエサとしてついばんでいた。しかし、明治期の鉄砲による乱獲、第二次世界大戦中の松林の伐採、戦後の環境破壊、とりわけ農薬の使用と圃場整備や河川改修による湿地の消滅などによって減少を続けていく。一九七一年、豊岡で野生最後の一羽が死んで、コウノトリは日本の空から消えた。

絶滅前の六五年、種を守る最後の手段として豊岡市内で人工飼育が始められたが、来る年も来る年も一羽のヒナもかえらない。絶望もあった。批判もあった。コウノトリが増えるという確信を誰ももてないまま、いわば暗闇のなかを黙々と人工飼育が続けられていった。

コウノトリが巣をつくった塔の下で農薬が散布されていた（昭和30年代なかごろ）

転機は八五年に訪れる。ソ連（現在のロシア）のハバロフスクから六羽のコウノトリの幼鳥が贈られてきた。兵庫県から飼育の委託を受けていた豊岡市でそれらを大切に育て、やがてカップルができる。そして、人工飼育の開始から実に二五年目の八九年春、ついに待望のヒナが誕生した。以後順調にその数を増やし、〇五年には飼育下のコウノトリは一一八羽にまで増えた。そのうちの五羽が自然放鳥されたのだ。

野生復帰のねらい

ここに至るまで、長い時間と膨大なエネルギー、そして多くの費用が必要だった。これからも同様だろう。では、それほどまでにして豊岡はなぜコウノトリの野生化に取り組むのか。ねらいは大きく三つある。

第一は、コウノトリとの約束を果たそうということだ。かつて人間は、空を飛んでいた鳥をわざわざ捕まえて鳥かごに入れ、人工飼育を始めた。「安全なエサを与え、増えたら再び空に帰す」と誓った。人間は、コウノトリといわば約束をした。約束は守られなければならない。

第二は、野生生物の保護に関する世界的な貢献をしようということだ。ヨーロッパに生息するシュバシコウと呼ばれるコウノトリは八〇万羽以上いると言われているが、それとは別種の極東のコウノトリは二〇〇〇から二五〇〇羽程度しかいないと言われている。こうしている間にも世界中で貴重な「種」が失われつつある。コウノトリの野生復帰事業を通じて、「種」の保存とそのノウハウについて世界的な貢献ができるはずだ。

第三は、コウノトリも住める環境とはどういうものかということにかかわる。コウノトリは完全肉食で、食物連鎖の頂点にいる鳥だ。そんな鳥が野生で生息できるためには、豊かな自然環境の再生が不可欠である。

同時に、コウノトリを暮らしのなかに受け入れる文化の創造も不可欠だ。コウノトリを絶滅に追いやった環境破壊は、私たちの体に深く染み込んだ生活様式と価値観、すなわち文化が引き起こした。したがって、コウノトリの野生復帰の実現には、環境適合型の生活様式と価値観の創造も大切な条件となる。コウノトリと向き合う人びとが「石を投げてやろう」「鉄砲を撃ってやろう」というような態度の場所には、コウノトリは住むことはできないのである。

そして、そのような豊かな自然環境と文化環境は、実はコウノトリにとってのみならず、人間にとってもすばらしいものであるにちがいない。そこで、コウノトリの野生復帰をシンボルにしながら、コウノトリも住める豊かな環境(自然と文化)を創り上げようというのである。

具体的な取り組み

こうしたねらいを実現するためには、さまざまな取り組みが必要になる。豊岡では、国・県・市・団体・市民がそれぞれの役割を担いながら、一体となって野生復帰にかかわる多くの取り組みを行っている。その一端を紹介しよう。

(一) 県立コウノトリの郷公園と市立コウノトリ文化館の設置

九九年、県は豊岡市内に一六五ヘクタールの用地を買い求め、コウノトリの郷公園を開設。あわせて姫路工業大学(現在の兵庫県立大学)の自然・環境科学研究所を設置して、野生復帰の研究を行っている。また、二〇〇〇年に市は公園内にコウノトリ文化館を設置し、コウノトリ野生復帰事業に関する普及啓発活動の拠点とした。放鳥以来、公園への来訪者は急増し、〇五年度は二四万人を記録している。

(二) 河川の自然再生

〇五年一一月、国と県は、河川における生き物の多様性の保全・再生・創出を目的として、豊岡盆地内の河川における「円山川水系自然再生計画」を策定した。多自然型護岸の導入、魚道の整備による河川の連続性の確保などに加えて、河川における湿地面積を一〇年間で現在の三倍、約二〇〇ヘクタールに増やすことなどを盛り込んでいる。

(三) ビオトープづくりと生き物調査

ＮＰＯ法人コウノトリ市民研究所が設立され、ビオトープづくり、田んぼの学校、豊岡盆地の生き物調査などの活動が活発に行われてきた。子どもたちの環境に対する意識を高め、自らの生活環境を見直すことによって、市民の立場からコウノトリ野生復帰を支援している。

（四）美しい田園景観の整備

美しい田園景観を創るため、コウノトリの郷公園周辺の電線類地中化と電柱の美装化に取り組んだ（県・市・関西電力など）。さらに、公園の地元地区の方々が農道に彼岸花の球根を植え、なつかしい農村景観の復元をめざしている。

2　野生復帰と農業

かつて減少を続ける野生のコウノトリにとどめを刺したのは、ほかならぬ農業だった。したがって、前述のような取り組みに加えて、農業が環境適合型になりうるかどうかが野生復帰の成否にとって決定的に重要だ。幸い、野生復帰をめぐる動きのなかでもっとも大きく影響を受け、もっとも大きく姿を変えつつあるのは農業である。その主なものを以下にあげてみる。

水田の自然再生

コウノトリの生息を支える湿地の再生を進めるうえで、河川と並んで重要な場所は水田である。水田の自然再生のための代表的な取り組みは次の三つである。

（一）ビオトープ水田の設置

二〇〇一年に、コウノトリ市民研究所と市は、農家から約一ヘクタールの水田を借り上げて試験的にビオトープ水田を設置した。効果測定や管理手法の検討を重ね、〇三年からはコウノトリのエサ場や冬鳥の越冬場所とすることを目的に、休耕田を常時湛水状態にして水田内の生き物を育むビオトープ水田とする施策を展開している。市が農業者にビオトープの管理を委託し、一〇アールあたり五万四〇〇〇円を委託料として支払う（兵庫県が二分の一を市に補助）。〇六年度の面積は約一七ヘクタールに拡大している。

（二）冬期湛水《たんすい》・中干し延期稲作

稲作を行いながら生き物を育むことを目的に、冬期湛水・中干し延期の稲作を実施した。

豊岡市周辺では、六月に水田から水を抜く「中干し」という作業を行う。しかし、この時期はトノサマガエルやアマガエルのオタマジャクシがカエルに変わる前であるため、中干しをすると大量に死滅してしまう。また、アカガエルは冬に卵を産むため、冬に水田に水がないと卵を産むことができない。

冬にも水を湛えた水田（豊岡市祥雲寺、2005 年１月）

そこで、稲作を行いながら、オタマジャクシがカエルに変わる時期まで中干しを延期し、アカガエルのために冬期に湛水を行う農法を実施している。市が農業者に対し一〇アールあたり四万円を委託料として支払う（県が二分の一を市に補助）。〇六年度の面積は約二九ヘクタールの見込みである（うち委託料対象は一九ヘクタール）。

（三）水田魚道の整備

水田は多くの生き物にとって、卵を産み、子どもが育つ、ゆりかごのような場所だ。しかし、圃場整備でできた水田と水路の段差が川や水路と水田を行き来するうえで大きな障害となっている。そこで、県は水田と水路・河川を生き物が行き来できる魚道の設置を始めた。〇五年度までに八八カ所に設置されている（市が事業費の二分の一を負担）。

環境創造型農業の推進と農産物安心ブランドの育成

モンスーン地帯にある日本は、湿潤で、夏は暑い。植物の生育にとって光と水が重要だから、草はあっという間に生えてくる。日本の農業は草との闘いだと言われてきた。虫も多く発生する。それゆえ、除草剤と殺虫剤（農薬）が農家に受け入れられたのは無理からぬことだったのかもしれない。農薬は収量や品質を安定させ、かつ重い労働から農家を解放してくれたからだ。しかし、農薬の使用はコウノトリをはじめ多くの生き物を死に追いやっただけでなく、人間の健康をも蝕んでいった。

ここで農薬の使用に関して、農家を責めるだけでは何の解決にもならない。事態を変えるためには、農薬に代わりうる安全・安心な技術体系（農法）を農家に提示するとともに、そうした農法によって手間をかけて生産された産品がマーケットで正当に評価される仕組みをつくることが不可欠だ。

（一）環境創造型農業の推進

日本の自然の基調は、原生的自然よりもむしろ人間の適切な管理によって豊かさを増す二次的自然である。兵庫県ではそのような認識のうえに、環境に配慮した農業を「環境保全型農業」ではなく「環境創造型農業」と呼んでいる。環境創造型農業を支える技術体系の模索は、県や市の担当部局とＪＡたじま、先進地からのアドバイザー、そして意欲的な農業者によって行われてきた。豊岡は水田農業が中心であるため、重点をおいたのは稲作における技術体系の導入と地域に合った形での確立である。ここでは、主なものを二つ紹介しよう。

（１）アイガモ農法

ひとつはアイガモ農法である。アイガモは草を食べ、虫を食べる。したがって、農薬が不要となる。糞は有機肥料になる。さらに、アイガモが水かきを使って盛んに泳ぎまわると水田の水が濁り、光が底に届きにくくなるため、草の種があっても光合成が制限されて、草が生えにくくなる。〇六年度は約九ヘクタールで行われ、生産されたアイガモ米の一部は学校給食にも使われている。

（２）コウノトリ育む農法

もうひとつは、「コウノトリ育む農法」である。コウノトリとのかかわりは、食べ物の安全性のみならず、生き物との共生を農業の側に強く意識させる。そこで市は、生き物へのまなざしと環境創造型農業技術の確立をめざして〇一年に生き物を育む農業の学習会を開催し、〇二年からは農業アドバイザーを迎えて「コウノトリと共生する水田づくり」として学習会を定期的に開催してきた。そして、宮城県田尻《たじり》町における「ふゆ水田んぼ」の実践と研究、民間稲作研究所における米ぬか散布や深水管理、早期湛水などによる抑草技術、全国各地の有機農業者の実践などを手本にしながら、農業者と一体となって安全な米と生き物を同時に育む農法の探求を続けてきた。さらに、県の地方機関である但馬《たじま》県民局の農業改良普及センターやJAたじまも加わり、共同して豊岡の地域に合った生き物を育む農法の体系化を図り、それを「コウノトリ育む農法」と名づけた。

この農法の柱は、①農薬の不使用または削減、②化学肥料の栽培期間中不使用、③温湯消毒、④深水管理、⑤中干し延期、⑥早期湛水(できれば冬期湛水)、⑦堆肥・地元有機資材の活用、⑧ブランドの取得(後述)などである。この農法は急速に広がりつつあり、〇六年度では、約一一〇ヘクタールで作付けがなされている。

(二) 農産物安心ブランドの育成

私たちは、農薬を絶対に使ってはいけないという立場をとっていない。心のなかの矛盾に耐えながら、極力使用を減らすことを勧め、その努力が市場で評価されるよう農産物安心ブランド化を進めてきた。アイガモ米やコウノトリ育む農法でつくられた米などを中心に、さまざまな品目で以下の二つのブランド取得がなされている。

（1）「ひょうご安心ブランド」認証制度

兵庫県は、①化学合成された農薬や肥料の使用を低減した生産方式である、②農薬を使用した場合、残留農薬が国の定める基準の一〇分の一以下である、③その基準を自主検査できる体制を整えている、④栽培履歴や自主検査結果を消費者などに公開できる、の四点をクリアした農産物に「ひょうご安心ブランド」の認定を行っている。○五年度の豊岡市内では、三九団体により水稲・ソバ・小松菜など三四品目、約四二五ヘクタールで作付けされた。○六年度は約四八八ヘクタールの見込みである。

図1　ブランド作付面積の推移

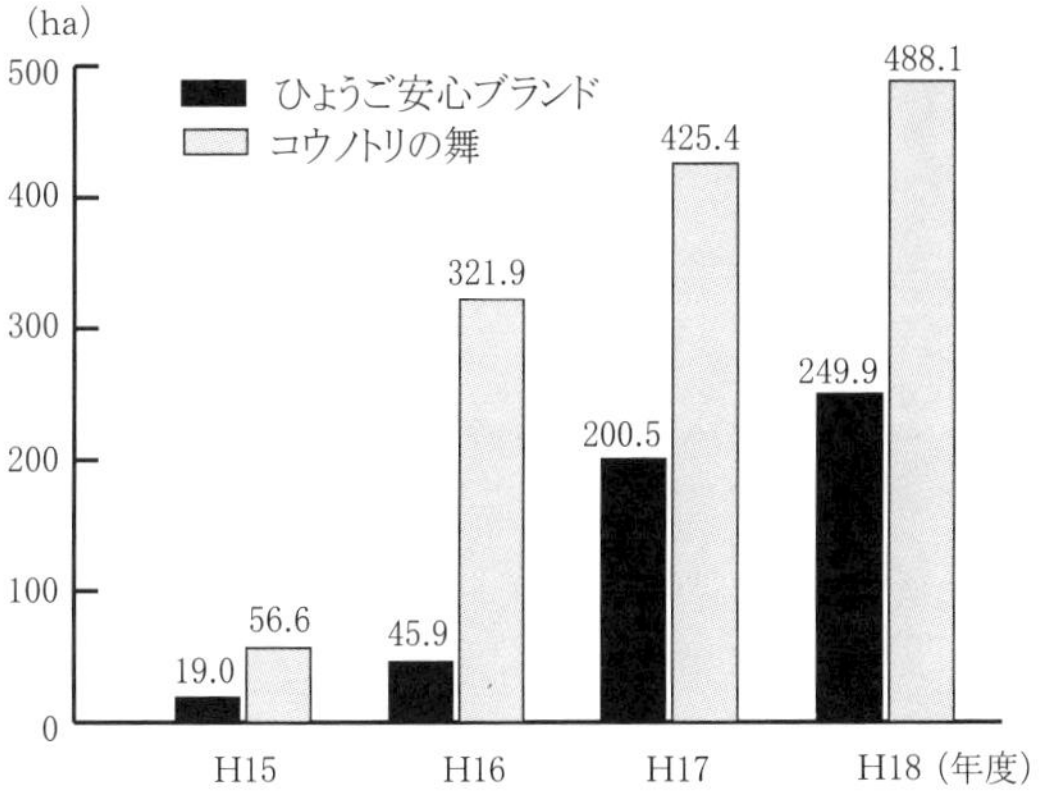

（2）「コウノトリの舞」認証制度

豊岡市は、ひょうご安心ブランドの認定基準に「土壌分析結果に基づき適正施肥を行う」という基準を上乗せして、「コウノトリの舞」認証制度を設けた。○五年度は、二九団体により水稲・キャベツ・ネギなど二四品目、約二〇〇ヘクタールで作付けされた。○六年度は約二五〇ヘクタールの見込みである。

ひょうご安心ブランドやコウノトリの舞の認証を取得した豊岡の米は、慣行栽培米と比べておおむね二割から四割増しの値段で流通している。アイガモ米も同様である。さらに、コウノトリの舞認証のうち種モミから農薬を使用しない完全無農薬米の値段は、慣行農法による場合の七割増しにも至っている。市場の反応は、農業者の耕作意欲につながっている。

3　環境と経済の共鳴をめざして

長年の夢であった自然放鳥が始まったいま、私たちが次に開こうとしているのは、「環境経済」の扉である。環境をよくする行動が経済を活性化し、それによって環境を創造する行動がさらに広がるという、環境と経済が共鳴し合う関係を私たちは「環境経済」と名づけ、二〇〇五年三月に、その実現に向けた「豊岡市環境経済戦略」を策定した。環境経済戦略を進めるねらいは、次の三つである。

第一に、環境問題への取り組み自体を持続可能なものにすること。美しい理念や心意気だけに支えられた環境行動が失速していく例を、私たちは数多く見てきた。経済に裏打ちされることによって環境問題への取り組みを持続させ、発展させられるはずである。

第二に、経済的自立の実現。私たちは生きているかぎり何かで生計を立てていかなければならない。暮らしも財政も、経済によって支えられている。豊岡の経済を元気にするために、環境は有力で可能性に満ちた分野である。

第三は、誇りを支えること。豊岡が環境を保全し、あるいはよくすることで経済が成り立っていると言えるとしたら、それは私たちの地域の大いなる誇りにつながるはずだ。

環境経済実現のための基本的柱には、①地産地消の推進、②環境創造型農業の推進、③コウノトリツーリズムの展開、④環境経済型企業の集積、⑤エコエネルギーの利用、を据えている。

たとえば、市内に太陽電池を製造する企業がある。人びとが地球温暖化対策として太陽電池を買えば買うほどその企業は潤い、税収も増える。あるいは、市内の水産加工会社はこれまで、イワシの頭、骨、はらわたをごみとして代金を払って処理していた。しかし、最近になって市内のプラスティック加工会社が持ち帰って練り上げて焼き、ドッグフードとして商品化に成功している。

また、ある大手旅行会社は「コウノトリも暮らすまちへ」という商品を売り出した。コウノトリを見て、城崎温泉に泊まり、コウノトリのブランド米を食べる。メインディッシュは但馬牛だ。私たちのまちが環境をよくして、シンボルとしてコウノトリが空を飛べば飛ぶほど、コウノトリツーリズムは盛んになる。しかも、ツーリズムは地産地消とも連動している。

環境と経済は、必ずしも矛盾しないのである。

農業も同様だ。大手量販店が相次いで環境創造型農業による豊岡産米の取引量を増やし、酒造会社は酒米の契約栽培を拡大している。大豆卸業者との契約栽培もスタートした。売り上げも好調だ。コウノトリのまちでつくられた有機・無農薬・減農薬の農産物は、確実にマーケットの評価を得つつある。農産品はコウノトリツーリズムをも支え始めた。環境創造型農業は、環境経済の大切な柱なのだ。

4　自然界の法則を取り戻そう

コウノトリの郷公園周辺では、早朝キラキラと輝く田んぼが目につく。稲と稲の間にびっしりとクモの巣が張り、露に濡れた糸が朝日に反射する光景である。さまざまな害虫や益虫をねらって網を張るたくさんのクモたち。そこは生き物でにぎわう空間だ。

「田んぼが自然界の法則に従って動いている」

無農薬の米づくりを始めて四年目の農業者の、知性にあふれた言葉である。

豊かな自然環境と文化環境。その上空を悠然と舞うコウノトリ。環境創造型農業を柱と推進力に据え、コウノトリとの共生をめざす私たちの取り組みこそが、自然界の法則を取り戻す作業なのかもしれない。

3 地産地消・有機農産物の学校給食

安井 孝

1 学校給食で食べ方が変わる

八〇年代から続く取り組み

「農を変えたい！」と言っても、「農」はつくり手だけでは変えられない。農産物を食べる人の、そう食べ手の「食べ方」が変わらなければ、つくり手は「農」を変えようがないのだ。消費者の食べ方が、「安ければそれでいい」という方向から「食べ物の真っ当な価値」を認める方向に変わらなければ、「農」は変われない。

繁信順一《しげのぶ》・前今治《いまばり》市長は、いつも「少しぐらい高くても、安全でおいしい地元の農産物を食べましょう」と市民に呼びかけていた。そして、市民に食べ方を変えていただくための地方自治体の施策のひとつが学校給食である。

私が暮らす愛媛県今治市では、一九八〇年代から食の安全と地産地消に取り組んでいる。

給食を食べる小学生の「おいしい顔」

まだ「地産地消」という言葉が使われていなかった八三年度から、学校給食の食材に地元産の農産物や有機農産物の導入を始めた。以来、「子どもや孫に、自分たちのつくった安全で新鮮な食材を使った学校給食を食べさせたい」という農家のみなさんの思いに支えられて、今日まで続いている。

八八年三月には、「食糧の安全性と安定供給体勢を確立する都市宣言」を市議会で決議。この宣言によって、農薬や化学肥料をできるだけ使わない農業技術を確立し、安全な農産物の生産と消費の拡大によって市民が健康で暮らすことのできるまちづくりを始めた。

宣言は二〇〇五年一月の市町村合併で失効したが、農業団体をはじめ、商工団体、漁業協同組合、森林組合、ＰＴＡ、消費者団体などからの要請を受けて、同年の一二月議会でふたたび決議される。そして、宣言の実効性を担保するために、〇六年九月議会で「いまばり食と農のまちづくり条例」が制定された。この条例は、「地産地消」と「食育」と「有機農業の推進」を三つの柱とし、全国の市町村で初めての遺伝子組み換え作物の栽培規制を盛り込んで、地域における農林水産業の振興と、食と農を基軸としたまちづくりに取り組むこととしている。

米も小麦も大豆も有機野菜も

学校給食には、九九年度に地元産特別栽培米を導入、〇一年度からは地元産小麦一〇〇%で製造したパンの供給を開始し、〇二年一月には豆腐の原料も地元産大豆に切り替えた。〇六年の冬には、地元産小麦一〇〇%でつくられたうどんも登場する予定だ。

特別栽培米には一俵(六〇キロ)あたり一七〇〇円の助成、パン用小麦には一〇アールあたり二万円の減収補填、豆腐用大豆にはアメリカ産非遺伝子組み換え大豆と地元産大豆の原料差額補助など、市独自の助成措置を設けている。食材単価の上昇が給食費に跳ね返ったり、農家の所得が減ってしまわないように留意しているのである。

また、学校給食への有機農産物の導入は、合併を経ていない単独農協・今治立花農協の管内を中心に行われている。同農協管内にある鳥生《とりう》小学校調理場、立花小学校調理場、城東調理場(五つの小・中学校)あわせて約一六〇〇食の学校給食における野菜と果物の重量に占める有機農産物の導入割合は、約五五%、四〇品目以上に及ぶ。さらに、立花地区以外の調理場にも、市が有機農業の基礎知識や技術を教える実践農業講座(年二四回)の修了生たちが中心になって結成された「学校給食無農薬野菜生産研究会」のメンバーが生産した有機農産物の導入が始まっている。

今治市の学校給食の特徴

「平成の大合併」の波は、学校給食の現場にも押し寄せている。そこで論じられるのは、調理場の統合、センター化、大型化、調理の民間委託といった目先の経済的な合理性のみである。その給食を食べた子どもがおとなになったときどういう食行動を取るかなどの重要な問題については、あまり論じられていない。私たちの取り組みを振り返って今治市の学校給食をみると、次のような特徴がうかがえる。

①自校式調理場を中心とした構成

旧今治市では一二の自校式調理場と一つのセンターで一万五〇〇〇食、現在は一一町村との合併により、計二四の調理場で一万六〇〇〇食の給食がつくられている。各調理場に栄養士を配置し、調理場ごとに独自メニューを組む。二八〇〇食の今治市学校給食センター以外は、多くても一〇〇〇食、ほとんどが五〇〇食以下であり、それぞれ調理場ごとに食材調達を行っている。したがって、量の少ない有機農産物や地元産品を使用しやすい環境にある。

②農産物をセリ値で調達

農産物の納入価格の入札を行っていない。納入業者も特定業者ではなく、八百屋さんの組合である青果事業協同組合に委ね、公設地方卸売市場のセリ値で調達している。このため、経費にとらわれず地元産品を納入しやすい環境にある(畜産物、加工品、調味料は入札を行っている。ただし、市学校給食会が試食し、必ずしも最安値の食材や業者が落札するとは限らない特殊な調達制度である)。

③熱心な有機農業者が多い

学校給食で子どもに「自分たちのつくった安全なものを食べさせたい」という農家が多く、手間がかかっても損得抜きでがんばっていただいている。農協もそれを支援し、面倒な契約など交わさなくても安全な食べ物の生産と安定供給体制を整えてきた。

④温暖な気候と産地化の遅れ

温暖な気候に恵まれ、つくろうと思えばほとんどの農産物の生産が可能である。トマト、なす、キュウリ、レタス、イチゴの産地指定を受けているものの、レタス一辺倒とか人参

給食感謝祭で小学生が生産者に感謝状を贈る

一辺倒のような単一作物の産地化は行われていない。島嶼部や傾斜畑のみかんを除いて、平地では少量多品目の農産物が生産されている。ロットをまとめて市場対応するには不向きな生産構造ではあるが、学校給食の地産地消率を上げるには好都合な条件である。

⑤学校の誇り

有機農産物を使った地産地消の学校給食は、学校の誇りとなり得る。他からほめてもらったり賞を受賞したりすると、なおさらだ。しかも、それが誇りになると、人事異動によって新しい栄養士が配属されて手抜きしようとしても、親や先生が、何より子どもたちが許さない。ほめてもらった栄養士は、新しい学校でまたがんばろうとする。こうして高い水準の維持や拡大が図られていく。

立花地区の小学校では毎日、給食の時間に献立と食材の説明が校内放送で行われている。新入生が二年生になるころには、子どもたちは食材の生産者の当てっこをする。

「ねえねえ、きょうのにんじんは、べっぷはじめさんのにんじんじゃない？」

「ううん、私は村上いとこさんのにんじんやと思うよ」

教室のあちこちで、こんな会話が聞かれるようになるのである。

また、年に一度の給食感謝祭では子どもたちが生産者や調理員さんを招待し、学校農園で収穫した食材を自分たちが調理して振る舞い、手づくりの感謝状の贈呈などを行っている。こうした学校の誇りが子どもたちの自慢になり、生産者の励みになり、農を変える原動力に結びついている。

2　学校給食から家庭へ

学校給食の取り組みは、徐々に一般にも波及してきた。スーパーに地産地消の専用コーナーが設けられたり、地場産小麦の菓子パンやクッキー、味噌、醤油、冷凍うどん、焼酎や日本酒までも売り出され、好評を博している。二〇〇二年に九四名の農家が始めたＪＡおちいまばりの農産物直売所「さいさいきて屋」の会員は八五〇名を突破し、売り上げは七億円に迫る勢いである。

地産地消の食材生産の中心的役割を果たすのが、地域の有機農家や小さな営農集団の取り組みだ。認定農業者など一人もいない平均年齢六〇歳を超える集団がパワフルに活躍し、米や特産の裸麦をはじめ、パンやうどん用の小麦生産を手がける。〇一年まで一粒の小麦も生産されていなかった今治市に、現在は面積で一五ヘクタール、玄麦生産量で五〇トンのパン用小麦が生産されている。地産地消によって学校給食用のパンの原料をアメリカ産から地元産に切り替えただけで、地域に新しいマーケットが誕生したのだ。非常に小さな規模の、そしてローカルなマーケットではあるが、私たちはこれを「地産地消によるローカルマーケットの創出効果」と呼ぶ。

図1　地産地消推進協力店の認証マーク

行政もこうした取り組みを支援している。有機農産物や地産地消の農水産物の販売コーナーを設ける小売店や地元食材で料理をつくる飲食店、地元産原材料で加工品を生産する製造業者などを地産地消推進協力店として認証(図1)。のぼりやステッカーなどの販促グッズを配布したり、ホームページや食のメールなどでP

Rに努めている。さらに、米の生産調整の産地づくり交付金を活用し、有機農業や環境保全型農業を行う農家への環境保全型直接支払いも実施してきた。

それでも、農業を取り巻く環境は厳しい。高齢化、農地の分散、遊休化、農産物価格の低迷といった問題は、品目横断的経営安定対策や規模拡大、合理化など農家を規模で選別することで解決はできない。今治市では、安全な食べ物をつくるために耕そうとする市民すべてを地域と農業の「担い手」として位置づけ、地域の歴史と暮らしに根ざした取り組みを広げていくことで、そうした問題を乗り越えていきたいと考えている。

3 学校給食の法則

学校給食には実施市町村によっていろいろな形態があるが、そこにはある一定の法則がある。これから学校給食の地産地消化や有機農産物の導入を行おうとする市町村のために、その法則を紹介しよう。

①一割の法則
学校給食の食数は、その実施者である市町村の人口の約一割に相当する。これは小・中学校に完全給食を行う場合であり、小学校のみの場合はその三分の二となる。また、高齢

化率の高い農山漁村部は〇・九割、逆に都市部は一・〇五割程度の幅がある。

今治市の人口は一七万六〇〇〇人、給食数は約一万六〇〇〇食だ(一七万六〇〇〇人×〇・〇九＝一万五八四〇食となる)。みなさんの市町村でも試していただきたい。

②年間給食費の算出方法

給食費も、人口がわかればおおよその額が算出できる。その公式は次のとおりである。

人口×(〇・〇九〜〇・一〇五)×一八五日(平均的な年間実施日数)×二五〇円(平均的な一食の給食費)＝市町村の年間給食費の総額

人口が一〇万人の農村部の市における給食費は、一〇万×〇・〇九×一八五×二五〇＝四億一六二五万円と推測できる。

③六分の一の法則

一人が一日三食食べる場合、一年間の食事回数は一〇九五食だ。学校給食の年間実施回数は約一八五食だから、一年間の食事回数の約六分の一に相当する。また、給食費に占める割合は、米(またはパン)代、畜産物代、水産物代、野菜・果物代、牛乳代、加工品・調味料代が、それぞれ約六分の一である。この法則を使えば、どの食材を地産地消にすれば地域経済に寄与するか、地域農業の振興に結びつくかが、簡単に予測できる。たとえば、人口一〇万人の市の学校給食の野菜をすべて地元産でまかなえば、四億一六〇〇万円×六分の一＝六九三〇万円の地域経済への波及効果が見込まれる。

「学校給食に地元の安全な農産物を使ってほしい」と言ったとき、給食の実施者が断る理由は三つある。

④断りの法則

第一は、「量がそろわないから」である。量がそろわなければ、有機農産物や地場産農産物をそろうだけ使って、足らないものは他から補充すればよい。ところが、食材の発注先が複数になったり、検品に手間がかかるため、栄養士さんが嫌がるのだ。

第二は、「規格がそろわないから」である。規格が不ぞろいだとカッティングマシンや皮むき機にはじかれ、手作業で調理しなければならない。そうなると、決められた調理時間や火入れ時間（センター方式の場合は配達時間も）に間に合わなくなるおそれがある。しかし、この場合の規格は、市場のMやLとは違う。仮に市場の規格より大きすぎても小さすぎても、調理機械が使えればよいのである。農家は「市場の規格で量をそろえなければならない」とプレッシャーを感じてしまうが、実際には規格外でも大きささえそろえればよいのだ。皮むきの手間を考えると、大きすぎるのはむしろ喜ばれる傾向にある。

第三は、「有機農産物や地場産農産物は値段が高いから」である。これこそ栄養士の腕の見せどころだ。市町村内の農産物の種類と生産量を熟知し、旬を見分け、旬を考慮した献立を心がけるようにすれば、クリアできる。なんてったって、旬の有機農産物は端境《はざかい》期の一般作物より安いのだから。

4　地産地消の学校給食の進め方と可能性

そうした法則をふまえて、市町村や農家はどうやって地産地消の学校給食を実行すればよいのか。まず、学校給食に何がどれくらい使われているかを知らなければならない(一〇二ページ表1)。私たちの調査によると、学校給食によく使われる野菜は、玉ねぎ、ジャガイモ、人参、キュウリ、大根などである。それらの使用量は、一〇〇〇人規模で年間約一・五〜四トンだ。

この使用量をそれぞれの作物の平均反収で割ると、栽培に必要なおおよその面積が算出される。ジャガイモのように春と秋の年に二回収穫できる作物は、その半分の面積ですむ。こうした方法で計算すると、一品目につき二〇〜三〇アールの農地があれば足りることがわかる。これは、一人の生産者で十分な対応が可能な面積である。

こうした数字をふまえたうえで、農地を確保し、協力してくれる生産者を見つけられれば、あとは価格、配達方法、作付け調整などの技術的な問題をクリアすればよい。

表１　今治市乃《の》万《ま》調理場（1,129食）におけるおもな野菜の使用量

（単位：kg）

	人参	玉ねぎ	ジャガイモ	大根	ピーマン	里イモ	キュウリ	キュウリ(本)	レタス	トマト	トマト(個)	なす
4月	131	288	178	74	0	0	160	0	38	40	0	0
5月	408	424	383	129	29.5	0	184	0	84	13	192	0
6月	353	558	277	97	21	0	206	0	47	27	0	46
7月	193	302	34	43	20	0	106	48	49	37	0	93.5
9月	308	431	97	92	19	38	150	0	90	13	285	57
10月	357	493	332	129	5	136	167	0	65	33	0	0
11月	290	395	171	152	53	126	130	58	62	9	0	40
12月	253	397	147	70	26	74	114	49	42	0	192	9
1月	286	348	181	200	24	113	114	0	69	24	0	0
2月	355	738	398	116	22	122	138	0	63	12	0	0
3月	217.5	383	180	127	20	0	112	49	56	12	0	0
合計	3,151.5	4,757	2,378	1,229	239.5	609	1,581	204	665	220	669	245.5
反収	1,200	3,190	1,730	3,450	1,200	1,650	3,620	—	2,230	6,630	—	4,760

（注）キュウリとトマトはkgに加えて本・個での納入形態もある。

しかし、農家の側にはもう少し工夫が必要である。①なるべく大きな品種を選択する、②早《わ》生《せ》から晩生《おくて》までの品種を組み合わせたうえ、作付け時期をずらして、収穫・出荷期間をなるべく延ばす、③収穫物の保存期間を長くする工夫を行う、④夏休みなどの期間中の販売先を確保する、⑤過不足調整機能をもつなどである。農家の直売所は、こうした過不足調整機能をもたせることでさらに活用できると思われる。

　前述のとおり、学校給食は市民全体の一年間の食事からみる

とわずか一・五％（一割の六分の一）の量にすぎない。しかし、この一・五％は実に大きな可能性を秘めている。

小・中学生が給食のない日の昼食も給食と同じような食事をすれば三％、夕食も昼食と同じような食事をすれば六％に、家族四人が一家で同様の食生活を送れば二四％に、そして卒業後も同様の食生活を続け、次の世代でもそうした食生活が始まれば、たとえば九年後には四八％にと、倍々以上に増えていく。市町村全体の地産地消化によって地域農業を元気にすることは、計算上はそんなに困難な話ではない。

だからこそ、最初の一・五％が大事なのだ。学校給食では、食べ方や栄養についてとやかく言うよりも、まず、安全で良質な有機農産物や地産地消の旬の食材の供給が必要である。今治市で学校給食用に使用する特別栽培米は現在、約一四〇トンだ。一・五％が四八％に増えると、なんと四四八〇トン（一四〇トン÷一・五×四八）にまで消費が拡大する可能性を秘めている。

ただし、こうした可能性を現実のものにするために、地産地消の学校給食を用いた食育を進め、市民に食の安全や地産地消の大切さを理解してもらう必要があることは、言うまでもない。

5　学校給食は農を変える突破口

「農を変えよう！」

たった六文字のスローガンだが、六文字の訴えていることは大きい。

「食べ方を変えよう！」「消費者が変わろう！」「価値観を変えよう！」「農政を変えよう！」「自治体を変えよう！」。言い換えれば、きりがない。

そうしたなかで、農を変える突破口となり得る可能性を秘めているのが学校給食である。学校給食のもつ食育力、教育力、ＰＲ力、説得力に着目し、全国の市町村が有機農産物の使用や地産地消に向かっていけば、その潜在力が解放される。そのために、そうした取り組みを行いやすいシステムやノウハウを広めていく必要がある。システムづくりを支援するような助成制度も必要である。

「地元で採れたものを地元で食べる」。当たり前のことだが、実はなかなかむずかしい。それでも今治市は、これからも子どもたちもおとなも巻き込んで食育を進め、もっともっと楽しみながら、運動を進めていきたい。そして、胸を張って合言葉を言う。

「少しぐらい高くても、新鮮で安全な地元産を食べよう！」と。

第4章

種採りは自給の出発点

岩崎　正利

1　手のひらから畑への広がり

毎年冬になると、野菜を収穫しながら気に入ったものを選んで、種採り用に定植していきます。そして、春の訪れとともに、ひとつひとつに美しい花が咲きはじめると、これがあの野菜の花なのかと思うほど、美しいのです。

たとえば平家かぶ菜の花は、本当に誇らしげに大きく生育して、いっぱいに黄色い花を咲かせます。葉の部分を食べるこの在来種の野菜はいまにもなくなろうとしていますが、何とか種は守っていきたいと、種を増やすことから始めました。

徳島地方に残っている種をいただきましたが、宮崎県の椎葉《しいば》村にいまも自然に生育していると雑誌に載っていました。まさに名前のとおり、源氏に追われながら四国へ、そして九州へと、この種とともに渡った平家の落人物語が、種に詰まって伝わってくるような想いです。生育している姿には生命力があふれています。

在来種の野菜であっても、私の畑の中で本来の力を発揮してくれるまでには時間がかかりますね。時間で言えば五年ぐらいでしょうか。いろいろな野菜の花を見てきたなかで、生命力ある在来種の花は、実に美しいと感じます。乱れがないというか、バランスが整っているというか、花が周囲の自然によく合う美しさかなぁ。

私がとても気に入った韓国の白菜は、黄色い少し大きめの花を咲かせます。外国からやって来て、私のところの風景に、「ここはどこだ」ととまどっている様子です。やはり三年ぐらいは繰り返し咲かせて、その風土になじんでこないと、本来の能力を発揮してくれません。

私は長いあいだ、収穫間際の野菜が美しいと思ってきました。しかし、いろいろな種を採るなかで、いまでは花の瞬間こそが美しいと感じています。野菜の本当の姿とは、野菜が生育しているときではなく、花を咲かせたときなんですね。私は、野菜農家としていちばん大切なことを知らずにいたと感じています。

花が咲くと、蝶やみつばちなどの虫が寄ってくるし、自然の風も吹きます。そうした周囲の助けを借りながら、種が実っていきます。もちろん、生産者も虫たちといっしょになって、次世代の種をつくっていくのです。

その美しい花もやがて鞘《さや》になると、今度は醜い姿に変わります。まさに、枯れ果てて大往生していく姿です。その姿を見ると、野菜たちが次の世代となる種を精いっぱい生きて支え、一生を全《まっと》うし、枯れ果てていこうとする、花の美しさとは別の意味の、野菜の本当の美しさを感じます。私はそれを野菜から教えてもらいました。

たとえば人参は、元の姿を想像できないような、少しの風にも倒れてしまいそうな姿になっています。引き抜いてみると、根はまったくなくなっていますが、私の目で選び抜いた人参は、自らの種を精いっぱいに高く支えてがんばって、いのちの伝承を表現しているようです。その鞘を見ていると、「ここまで育ててくれてありがとう、この種子を頼みますよ」と言われているような気持ちになります。

そんな枯れ果てた野菜を手で取って、種をあやしていきます。私の農園にとって、種をあやすということは、種を枯れ果てた野菜から取り出していくこと。そのあやし方は、野菜によって実にさまざまです。

アブラナ科の種は、枯れ果てた鞘を左手で抱いて、右手で鞘をさわりながらあやしていきます。鞘が乾燥していれば、下に置いたござやシートにパラパラと種がたまっていきます。まるで、子どもをあやしている感じです。最初は種に鞘が交じり合っていますが、両手で持ち上げては少しずつ鞘やくずを種から飛ばして振り分けていくと、どんどん少なくなって、種だけになっていきます。本当に小さな種だけになってしまうのです。

いんげんやスナックえんどうは、株ごと収穫し、乾燥して保存しておいたものを、天気のよい日にござの上に広げて、鞘を棒などでたたいていきます。昔大豆をあやしていた、たたきの農機具があったらいいなぁと思いますが、もうどこの農家にも残っていません。

思えば夏の暑いなか、大豆を庭いっぱいのござの上に広げて、母たちは大豆たたきであやしていました。「ギー、ガチャン」とたたく音は、いまも忘れません。

いまは棒などで辛抱強くたたいてあやしていきますが、けっこうエネルギーがいる作業です。たたくと鞘が割れて、種があちこちに跳ね上がるくらいの乾燥具合がいいですね。たたき終わったら、少し強めの風で風選を繰り返し、そのたびにどんどん少なくなっていきます。最後は、質の悪い種をひとつひとつ取り除いて仕上げます。

いちばん手間がかかる種採りは人参です。鞘をていねいに収穫して、しばらく乾燥してから、やさしく両手であやしていきます。何度も両手でもみほぐしていくと、そのたびに少なくなっていきます。とても小さな種を最後にやさしい風であやすと、一〇アールの人参が、また両手いっぱいに帰ってくるのです。

2　「種の自然農園」として歩み出すまで

一九八一年のある日、山の畑の農作業をするため父と母と三人で出かけ、昼飯を食べた後、雑木林の中でゆっくりと昼寝をしていました。すると、土の中から私の身体をつつくものがあります。すぐに、モグラだとわかりました。私の地域では、モグラにつつかれたら大病すると言われています。実際、その日の夜中に突然具合が悪くなって、近くの医院に駆け込みました。

その後、半年間にわたって国立病院や大学病院で精密検査を受け、病名は判明したものの、体調は戻りません。一年以上身体がだるくて、とても仕事ができる状態ではなく、寝たり起きたりで過ごしました。私はしだいに、農薬の多投が自らの身体を壊してしまったのではないかと思うようになります。そして、布団の中で決心したのです。

「農薬や化学肥料を使用しない農業しか、私には道はない」

ある程度元気になってきたころ、モグラにつつかれた雑木林に行って、自然の仕組みを知ろうとしました。自然のもとでは、いろいろな雑木たちが、高く伸びながらも共生しあっています。そして、決して土が見えないくらいに表面にたくさんの落ち葉を積もらせ、その落ち葉の下にはふかふかの生きた土が形成されています。たぶん、雨は雑木の葉や幹を伝わって落ち葉に落ち、その落ち葉や生きた土によって雨水が素晴らしい活性水に変化しているのでしょう。

こう想像した私は、この仕組みをどうやって自分の畑に形成できるかを考えました。ここで経験した、「自然に聴いて心《み》る」ということが、いまの私の原点です。自然のなかから、これからの農の姿を見出していきたいといつも思っています。

有機農業を始めたころは、害虫が発生して野菜が収穫できなかったり、せっかく収穫できても売れずに土にすきこんで、トラクターでまた耕したりしていました。そして、なんとかできた野菜を毎日トラックに積んで、青空市場をしたりして、売ってまわったものです。それでも、有機無農薬の野菜に関心をもち、食べてくれる人が、口コミでどんどん増えていきました。

それまでは、消費者を敵のように思っていたのですが、生産者を応援してくださる人が多いことに驚き、見方が大きく変わっていきます。農薬や化学肥料をやめて本当によかったと思いました。生産者と消費者が提携しあう姿に、有機農業の未来はこうしたスタイルで広がっていくと確信したものです。

しかし、消費者の家族構成が変わったり、専業主婦の方々が仕事に就いたりするうちに、生産者と消費者との提携が年々むずかしくなり、増え続けていた会員も減っていきます。いままでのやり方を続けたい気持ちはあったものの、提携だけではむずかしく、二〇〇一年からはレストランやホテルへの供給も始め、いまでは全体の三割近くになりました。残りの七割は野菜セットです。約二町六反(二六〇アール)の畑では、じゃがいも・玉ねぎ・人参以外はセット用に多品目を少量ずつ生産しています。

これまで有機農業を二三年間、続けてきました。これからは、自分の農園が大切にしてきたものをさらに広げ、種を守っていきたいという思いから、「種の自然農園」として歩み出しています。

3　種のネットワーク運動

私は長年、二つの種のネットワーク運動に携わってきました。ひとつは日本有機農業研究会の種苗交換会で、年に三回開催されます。もうひとつは九州地区の「たねとりくらぶ」で、こちらは年二回行われます。合わせて五回の種苗交換会に、私は多少は大変な思いをしながらもすべて参加してきました。それは、きちんとした種苗交換会が種の自給に欠かせないし、種の自給は安全な食べものを生産する出発点だと考えているからです。

種は自分のものではなくみんなのものだ、と頭では理解していても、よい種に出会えば「自分だけのものにしたい」という気持ちが誰でも起きます。でも、ひとりだけでつくっていたら、その種はやがて絶えてしまう可能性が強いでしょう。次の世代のためにも、絶やさないように努力していくことが必要です。そのとき、種苗ネットワークが大きな役割を果たします。

種のネットワーク運動に携わっている私の農園には、人の想いがいっぱいに詰まった種

宇宙人を思わせる九条太ねぎの花。４月に黒い比較的大きな種ができる

が、いろいろなところから集まってきていきます。そのひとつひとつに、それぞれ物語があるのです。

最近は伝統野菜の人気が高まっています。なかでも、とりわけほしいと言われるのが、農家が代々守り続けてきた門外不出の種です。たとえば京都には、京野菜として農家が家宝のように守ってきた大切な種がいまも残っています。そうした大切な種になると、簡単に「分けてください」とは言えません。それでも、私の農園には、壬生菜《みぶな》・畑菜《はたけな》・赤大根などが集まってきました。これらの素晴らしい種で野菜を栽培できることに、感動さえ覚えます。

遠く外国からやって来て風土の違いにとまどいながらも、私の畑の風土や農園になじんでいこうとしている少し寂しがりやの種たちは、生まれ育ったふるさとに帰りたいのかなぁ。人間で言えば、まだ留学生なんですね。中国や韓国からやって来たチンゲン菜・紅芯《こうしん》大根・ターツァイ・キムチ用の大根・野菜エゴマ・キムチ用の白菜、オーストラリアからやって来たロマネスク(カリフラワーの仲間)、イタリアの紫カリフラワー、アメリカの縞トマト・黄色ピーマン、ブラジルの青ナスなどです。

いま私がいちばん大切にしている種は、見向きもされずに消えようとしている在来種や固定種、そして山奥でひっそりと守られながら出番を待っている幻の種です。たとえば、福たち菜や平家かぶ菜があります。

さらに、これから見つけ出していきたいのが、隣のおじいちゃんやおばあちゃんたちが小さな家庭菜園で育てて食べ続けていた、何げない、さりげない種です。それらは、すぐに世には出せないほど多様性がある、バラバラな種かもしれません。でも、守っていかないと絶えてしまう可能性がとても大きな種だからです。

私の父は二〇〇三年に倒れて、いまは寝たきりの状態です。父は、まくわうり・つくね芋・生姜・風黒《かざぐろ》里芋・空豆などの在来種の種を採り続けて自給的につくり、種を守って私に伝えてくれました。父の想いは、何とか守っていきたいと強く思っています。

少し前に野口種苗研究所(埼玉県飯能市)から私の農園にやって来たみやま小かぶの種は、

山の土手で種採りしました。さまざまに交雑しているので、播いて育てたなかから異交雑のかぶを抜いて選抜しています。みやま小かぶは昔とても人気があったと聞いていますが、いまでは種を採っている人がたったひとりになってしまったそうです。それを聞いて、私も守っていきたいと感じて種を採りはじめました。

物語のある種、人の想いがいっぱいに詰まった種、やはりそんな種はいいですね。想いを形にできる農が始まる感じがします。物語がある種をつくっていきたいし、守り伝えていきたいですね。

4　自ら種を採る意味

種を採り、守っていくという作業は、実際には大変です。とはいえ、私は種を採って野菜を育てることで、野菜への想いが深くなりました。とりわけ、種から始まって、収穫し、花が咲き、ふたたび種に至るという野菜の一生を見ていくことで、いままで見えなかった個性や特性、そして少々の欠点などが感じられるようになりました。実際の種採りについて、少しお話しましょう。

大根の仲間は年々増えて、困ってしまうほどです。青首大根の場合は、ずらりと並べて長さと太さが中間のタイプを選んで、次々に定植します。前年のこぼれ種から発芽して生育したものも、いっしょに植えています。二〇〇五年もこぼれ種と交雑させて種を採り、栽培しました。少し荒っぽくなり、以前にまして生命力がついてきた感じです。ようやく、自分がめざしていた青首大根に近くなってきました。選抜を続けて一〇年経ち、Ｆ１でありながら、私の大根になってきたみたいですね。

カボチャは輪切りにして中のワタといっしょに種を取り出し、まずよく水洗い。種がきれいになったら、すぐに干していきます。カボチャの種は水に沈まないので、水による選抜ができません。乾燥後に少し強い風で風選して未熟な種を飛ばし、あとは手でひと粒ずつ選別していきます。我が家では、地カボチャに赤皮カボチャ、さらに鶴首カボチャも仲間入りして、種類が次々と増えました。カボチャの仲間は、ほかのカボチャと交雑しやすい性質があるので、種採りは一年交代にして、種を守っていこうと思っています。

トマトは収穫してしばらく追熟させ、バケツの中でつぶしたら、そのままにしておきます。そして、発酵させて種についているぬめりがなくなってから、水洗いを繰り返すのです。最後は、水の中に沈んだ種を残して乾燥させます。

種採りを始めたころは、種採り用の株にもたくさんの有機物を与えていました。すると、非常に大きな姿になって、たくさんの花を咲かせ、たくさんの種をつけようとします。ところが、ほとんどの場合、その時期からアブラムシなどの害虫や病気が発生したり、種が実っても種まで食べる害虫が発生したり、強い風によって倒されたりして、結局は種が採れません。おまけに、発芽力が弱まってしまいました。

種採りのために多くの有機物を与えると、野菜の能力を引き出せなくなってしまうことが多いのです。自然な農法に向いた種採りは、自然な無肥料に近い姿のなかでつくりだしていくことだと、このごろ強く思っています。

5　種の多様性

一二月になると、野菜たちは次々に収穫のときを迎えます。この時期は、私の種の自然農園でいちばん大切な種採り用の母本を選抜するときです。

五寸人参は、収穫しながら種採り用の母本――私が一目ぼれした人参たち――を選んでいきます。土から引き抜いた瞬間、最初に感じる根の鮮やかさ、お尻の丸さ、肥大性、全体的な形など、いろいろな側面から選んでいくのです。選んだ人参は、しばらく土の中に伏せたり、冷蔵庫に保管したりして、数に達すれば別の場所に定植します。

以前は、引き抜いた瞬間にすらりとしている、一〇〇本に一本とか二〇〇本に一本しか

嫁さんよりも長くつきあってきた五寸にんじんの花。私の農園の原点

ない素晴らしい人参を、厳しく選抜していました。しかし、自然界はそんな勝手な完全主義を許してはくれません。最初の一〇年間、「素晴らしい人参をつくりたい、素晴らしい人参の種をつくりたい」と自分なりに選抜を続けていくうちに、年々種が採れなくなりました。しかも、自分の思いとは別に、人参の生命力も弱くなっていると感じたのです。自分だけがよい人参をつくろうと思っても、自然界はそうはいかない。もっと人参の立場になって育成するべきだと知りました。

この経験をとおして、自家採種を続けていくなかでもっとも大切なのは、ある程度の多様性を保ちながらの選抜・採種だと感じました。多様性を保つということは、厳しい選抜をして純粋にしていかないことを意味します。

なるべくたくさんの株から種を採っていくことが、種の多様性を守るためにとても大切です。

それは、個性豊かな姿のものも仲間に入れて、多様性を保つ選抜を繰り返していくという、誰でもできる種採りであり、自家採取が楽になっていくことでもありました。そうした種採りの繰り返しのなかで、その作物の個性を一年一年知っていき、種採りから野菜の顔が見えるようになっていきます。

種採りのときに違った姿の一株があれば、「ああ、これは自然が自分に与えたものだ」と思い、それを増やしていきました。選抜していく目は人によって違います。当初は同じ種であっても、種採りする人によって年々と違っていくのが、自家採種のよさではないでしょうか。その種を育成した人が、その種をもっとも活かすことができるのです。

最近のＦ１交配種は、驚くほど収量が多くて、見栄えがよく、形もよくそろっています。ところが、収穫期が一気に訪れ、とまどうことも多いのです。それに比べて多様性が豊かな在来種・固定種は、決して収量が多いとは言えません。そろいもあまりよくはないし、収穫がぼちぼちと続きます。しかし、生命力があふれている野菜がとても多く、異常気象などに対しては安定していると感じています。

6　種採りが生み出すもの

　どんなに作物の栽培技術を習得しても、種を自分で育成しなければ、その作物の個性を知って活かすことはできません。種採りから始める野菜づくりは、野菜と会話ができ、想いが形にできる農業だと信じています。

　農業にこうした姿があるなんて、私は種採りを始めるまで知りませんでした。種が繰り返し繰り返し私の農園で新しいいのちを受けるたびに、その風土に合ったいのち豊かな姿に変わっていきます。そうして生まれた種をあやし、野菜の花と語るなかで、心をときめかされ感動すること、そして心から感動した気持ちを農業の場でどう表現できるのかが、私にとっていちばん大切な「農法」だったことに、つい最近になって気づきました。いまも、野菜の花にたくさんのことを教えてもらっています。

　種を採り続けていき、その種が次世代に受け継がれていったとき、やがて地域の豊かな特産品になる可能性があります。最初はなにげなく採りはじめた野菜も、次世代の地域の特産につながっていくかもしれない。種採りには、とてもロマンがあります。最後に、種採りから生まれた特産を紹介しましょう。

茎の部分に親指大のこぶができる雲仙こぶ高菜は、私が暮らす吾妻町《あづま》(現在は雲仙市)でかつてたくさんつくられていた野菜です。この野菜を特産にしようと思って、農業経済課の方といっしょにもっとも原種に近い種を探していました。

最初に原種の栽培を始めたのは、隣の部落で種苗店を営まれていた故・峰眞直《すなお》さんです。峰さんの畑に行ってみると、周囲に何本かほぼ原種に近い姿をした雲仙こぶ高菜が見つかりました。ていねいに管理されているので、種を残されているのではと思い、お宅にうかがいました。峰さんの奥さんの話によると、戦争が終わったとき、峰さんのお父さんが中国から日本に持ち帰り、お父さんとお母さんがその種を生産して、日本中に向けて販売されていたとのこと。奥さんがお父さんの想いを大切にして、いまでもこの種を守っておられたのです。

私が農業高校を卒業したころ、峰さんに何回も畑に連れて行かれて、この原種の姿を教えられていたのですが、あまり関心がなかったので聞き流していました。いま、峰さんの奥さんが守っておられた種を頭に残っている原種の姿に少しずつ近づけようと、選抜を繰り返しています。

その後、雲仙こぶ高菜はスローフードジャパンの「味の箱舟」にも認定されました。現在はJA島原雲仙の守山加工組合で商品開発を行い、特産品として販売されています。

種を採り続けて、その種が地域で一〇年、二〇年と育てられれば、風土になじみ、風土に根づいた種に変化していきます。その野菜は伝統野菜として地域の豊かな特産品になっていき、地域の食も豊かにしていくのです。

第5章　百姓たちの工夫に学ぼう

1 ふゆ水田んぼと生き物調査が地域を結ぶ

—— 志藤 正一

1 産直の確立と有機栽培の模索

私たち庄内協同ファームは山形県の日本海側、庄内地方にある鶴岡市（旧藤島町・羽黒町・鶴岡市）、東田川郡三川《みかわ》町、庄内町（旧余目《あまるめ》町）の有志で構成する農民グループだ。組合員は三五名（二四世帯）、そのうち農家は二二戸、従業員五名の小さな農事組合法人で、結成は一九八九年。前身の任意組織「庄内農民レポート」での学習活動から数えると、歴史はすでに三〇年を超える。

庄内農民レポートの時代、三里塚の成田空港反対闘争に触発され、映画の上映会や農民運動の歴史を知るために古老からの聞き取りを行った。そうした活動と、それに続く減反反対運動のなかで学んだのは、地域や集落の中で自らの意志を貫くことのむずかしさ、さらには農民として社会的・経済的に自立する大切さであったと思う。

トラック二台、餅米三俵から、遊び心で始めた産直と餅加工は、その量の拡大とともに、しだいにメンバーの経営になくてはならないものとなっていく。現在では、餅米加工二三〇〇俵、その他を含めた農産物の販売金額は二億九〇〇〇万円となり、組合員の経営を全面的に支える事業に発展した。おもな農産物は干し柿・米・枝豆、加工品は餅・麦茶・玄米おこしだ。産直の主要取引先は、パルシステム生活協同組合連合会(旧首都圏コープ事業連合)と、らでぃっしゅぼーやである。

この事業がほぼ順調に推移する一方で、地域の農業は米価格の下落と高齢化で先行きが見えない。活動を始めた第一世代は五〇歳代に達し、地域でどのような役割を果たせるか、そして各農家と協同ファームそれぞれの後継者の確保と生産の安定という新たな課題もかかえている。

私たちのモットーは、「地域の自然環境を大切に、より安全でおいしい食べ物を」である。できるだけ農薬や化学肥料に頼らない生産を心がけ、長年、稲の「除一栽培」(栽培期間の農薬使用は除草剤一回のみ)を中心としてきた。そして、二〇〇一年に有機JAS制度が法制化されたのを契機に、一部で試験的に行っていた有機栽培にも本格的に取り組んだ。

手探り状態の有機栽培は、イネミズゾウムシの被害を受けたり、草に負けたり、苦労の連続。ときには地震の影響で、紙マルチ田植えをした田んぼが一面紙だらけになって、苗が全部紙の下に沈んでしまうという、考えもつかないできごともあった。

しかし、〇三年ごろから、アイガモ農法にしても紙マルチ田植えにしても、除草の効果や収量を含めて、一応の技術を手にできたと思っている。ただし、アイガモについては、田んぼから引き上げた後の処理の問題がある。また、紙マルチの場合、経費と再生紙が今後も有機資材として認められるかどうかという問題がある。

そして、さらなる有機栽培の展開を考えるとき、いま新たに、ふゆ水田んぼ(冬季湛水不耕起栽培)という農法に注目している。

2　ふゆ水田んぼへの挑戦

私が冬季湛水不耕起栽培に取り組んだのは、一九九七年に山形県平田町(当時。現在は酒田市)の佐藤秀雄さんの冬季湛水の稲を見せていただいてからである。佐藤さんは二〇年近く無農薬栽培を続けてこられた方だ。私たちが訪れたときはこの農法を始めて一年目だったが、それまでの佐藤さんの稲とはまったくタイプが違うのに、びっくりした。田んぼを耕起していないために、表面に施された稲わらやぼかし肥料(米ぬかを中心とした発酵肥料)による根に対する障害がほとんど出ていなかったのだ。

有機肥料を多量に施して耕起した田んぼは、稲わらや有機肥料が稲の根のすぐ近くで発酵する。そのため、必要な肥料分を土から奪われたり、発酵による生成物の害を受けるなどの影響を根がまともに受ける。ところが、不耕起の稲は、生育の初期に稲の根がある層と有機物の施された層が上下に分けられているために、こうした障害を受けないですむ。収穫の秋まで、稲の根の活力が十分維持されているように見えた。また、冬季湛水不耕起栽培のもうひとつのねらいである抑草効果についても、思った以上にあるようだった。

その年の秋から早速、冬季湛水不耕起栽培に取り組んだ。とは言っても、収穫後に自家製のぼかし肥料と堆肥を施し、田んぼの水口《みなくち》(水を引く口)を閉じて、ただじっと雨の降るのを待っていただけだが……。

何事も最初からはうまくいかないもので、いくら雨が降っても田んぼに水は溜まっていかない。収穫前、コンバインでの作業に備えて十分に乾かしていた田んぼの畦は、オケラやネズミが開けた穴で隙き間だらけになり、とても水が溜まる状態ではないまま、雪の季節を迎えた。

そして四月に入ると、庄内平野も晴れの日が多くなり、しだいに気温が上がってくる。わずかにできた田んぼ表面のトロトロ層(小動物や微生物が土壌を分解してできた、水とも土とも判別できない柔らかい層)は、乾燥で亀の甲羅状にひび割れてしまった。その隙き間から、ヒエが早くも顔を出してくる。ペンペン草(スズメノテッポウ)もだんだん勢力を増して、田

ふゆ水田んぼの有機圃場（旧藤島町）。残った稲株近くに稲を植える

んぼはとても田植えどころではない状態となってしまう。やむなく不耕起をあきらめ、急いで耕起と代かきをし、田植えをした。

二年間挑戦と断念を繰り返し、ようやく冬季湛水不耕起栽培での田植えにこぎつけたのが三年目の二〇〇〇年である。うまくいった理由は二つだ。

まず、微生物や小動物の活動を活発にする、田んぼに合ったぼかし肥料をつくれるようになったことである。材料に米ぬかだけでなく、菜種粕や貝化石などを加えた。また、土着微生物の特徴を活かし、ボカシの発酵を二段階にした。前半は撹拌して好気性発酵に、後半は密封して嫌気性発酵にしたのである。

つぎに、畦マルチを活用して十分に水を貯められ、さらに四月の乾燥期に四～五回の補水をすることで、十分な深さのトロトロ層ができたからである。五～六センチのトロトロ層ができれば、ふつうの田植え機で田植えができるし、抑草効果も十分にあるという。

この年は三〇アール一枚の挑戦だったが、除草にほとんど手をかけず、収穫前に残ったヒエを手で除草した程度。収穫量は一〇アールあたり四五〇キロで、有機の田んぼとしてはまあまあであった。六年目を迎えた〇六年は、一一〇アールにまで拡大した。害虫対策や多年生雑草対策を考えて、アイガモ農法と冬季湛水不耕起栽培を一年おきに繰り返している。二年に一回、田んぼを耕起するわけだ。

気温、雨や雪の状態などでトロトロ層のでき具合には差があり、抑草効果に違いは出るが、稲の生育はきわめて順調である。むしろ、耕起した田んぼより初期から収穫期まで活力があるように見える。

田んぼに合ったぼかし肥料のつくり方や水利の問題など、条件によってはすぐに実行できない地域もあるが、いっしょに取り組んできた仲間の結果を見ると、稲の生育も抑草の効果もある程度満足できるように見える。冬季湛水は「田冬水の稲つくり」として一部の地域で江戸時代から実施されてきたことを、最近になって知った。有機栽培の農法としても、後で述べる田んぼの生き物との関係においても、興味と可能性を秘めた栽培法である。今後も仲間を増やして、取り組んでいきたい。

3　生き物を育てる、ふゆ水田んぼ

副次的効果として注目されているのが、田んぼに住む生き物への影響だ。一九七〇年以降の水田の基盤整備事業の結果、用排水の分離、暗渠排水による乾田化で、機械作業はやりやすくなった。しかし、除草剤の影響とのダブルパンチで、水田の生き物(とくに水生の生き物)の数は激減していく。私たちが子どものころふつうに眼にしていたメダカやナマズ、コイやフナはめったに見かけない。ホタルや赤トンボもずいぶん少なくなっているように思われる。

一方、冬季湛水をした田んぼには多くの生き物が生息している。雪解けの水が少し暖まってきた三月の田んぼで最初に目につくのが、カエルの卵だ。ニホンアカガエルだという。田んぼで生き物が動き出すと、それをねらってサギなどの水鳥がやってくる。

四月の末になって田んぼの水温と地温が本格的に暖まると、土の中に住むイトミミズやユスリカやヤゴなどが爆発的に増え始める。生き物調査から推測すると、イトミミズは一〇アールあたり六〇〇万匹から一〇〇〇万匹にも達するのだ。こうした小動物や微生物の活動で、トロトロ層がどんどんつくられる。このころ周辺の田んぼはまだ乾田状態だから、土中にわずかな生き物がいる程度だ。

土中・水中の生き物たちの活動は五月が最盛期で、六月の下旬になるとやや下火になる。今度は、羽化した昆虫など地上の生き物たちが主役になる。赤トンボが羽化するのもこのころだ。赤トンボは、羽化したときから赤いわけではない。私が田んぼで目にするトンボは、透き通った体に薄い茶色が入っているだけだ。

日本の赤トンボのほとんどが水田で生まれ、夏を山で過ごすうちに赤くなり、秋になって田んぼに帰ってくるという。農業を続けてきて四〇年、毎年赤トンボを見るたびに季節を感じてきたにもかかわらず、こんな赤トンボの生態を知ったのはごく最近、宇根豊氏の講演を聞いてからである。

農業をしている者にとって、自然や生き物とのかかわりは深い。とくに有機農業を志す者にとっては、田んぼに生息する生き物たちの力を借りずに作物はつくれないし、そのおかげで成り立っていると言ってよい。

「生き物調査は農民のためにある」

田んぼの生き物調査の第一人者・宮城県田尻町の岩渕成紀氏（ＮＰＯ法人田んぼ理事長）は、常にこうおっしゃっている。私も同感である。生き物調査によって、いままで害虫と益虫にしか興味をもたなかった私たちの意識が変わった。田んぼのあらゆる生き物（害虫でも益虫でもない、ただの虫たちや微生物たち）がどのように増え、どのように減り、それが田んぼ全体の環境の循環をどう促しているのか、またそれが作物にどういう影響を与えるのか、興味が尽きないところである。

岩淵氏をはじめとする田んぼの生き物調査プロジェクトの方法は、田んぼの生き物調査が楽しくでき、またデータの蓄積で農法の確立に貢献できるように、まとめられている。田んぼの生き物を、①畦を中心に生息するカエルなどの生き物、②水中や土壌表面に生息するヤゴや貝類などの生き物、③土中に生息するイトミミズ、ユスリカなどの生き物に分けて数を調査するとともに、温度やペーハーなど計測器械による田んぼの水や土のデータを合わせて調査しようというものだ。

4　庄内環境創造型推進会議を軸に新しい農業の広がりを

生き物調査は、実に楽しいイベントでもある。私たち農民はもちろん、子どももおとなも、観測用バットの中の虫の動きに息をひそめる。夢中になれるのだ。田んぼの土の感触は季節によって違う。足の指の間から田んぼの土がぬるぬる出てくる感触は、私たちが忘れていたものを思い出させてくれる。

第３回生き物調査（05 年 7 月）で、庄内農業高校生といっしょに田んぼに入って土の採取をする東栄小学校５年生（旧藤島町）

私たちは生き物調査を農家（農協や他の農民グループを含めて）だけがやるのではなく、消費者のみなさんや地域のいろいろな人たちといっしょにやることで、その価値を何倍にも活かせると考えている。なぜなら、そこにいのちを体感できるからだ。自分たちがふだん口にしている食べ物がいのちといのちのつながりのなかで生産されることを実感できるからだ。

実際、二〇〇五年に生き物調査を始めたとき、私たちは地域の大学や農業高校、行政や農業普及機関、自然保護団体などに協力をお願いし、小学校や中学校の児童・生徒たちにも参加してもらった。遠く埼玉県から参加され消費者を加えると、二年間の参加者は五〇〇人近くに達している。

私たちはいま、庄内環境創造型農業推進会議を進めている。地域の連携による環境を活かした農業の推進が目的だ。日本の農業の現状を考えると、農業者の力だけで今後を支えていくことはむずかしいだろう。とくに、冬期湛水は地域的な合意を得て水利の利用方法を変えていかなければならないので、地域的な取り組みが不可欠である。

「生き物がいっぱいいいて楽しかった」

「こんな田んぼがあって安心した」

「この田んぼで穫れたお米をずっと食べ続けたい」

こうした感想を聞くたびに、食べ物がつくられている環境や農業の実情を同じ体験をしながら理解してもらううえで、生き物調査はこれまでにない大きな意義があると思われる。田植え体験や稲刈り体験よりも、さらに幅広く農業に対する理解を広げられるのではないだろうか。

何千年もの長い間、私たち日本人の食を支えてきた日本の田んぼはいま、存在の危機にある。生き物調査をとおして、あらためて田んぼに目を凝らし、親しみを深めながら、なくてはならない存在として新しい日本の農業を創造していきたい。

2　国産有機穀物の安定供給をめざして

――井村　辰二郎

1　大規模経営の千年産業

私は土地利用型の有機穀物農家である。金沢平野の北部、能登半島の付け根に位置する河北潟《かほくがた》干拓地（約一〇〇ヘクタール）と輪島市門前《もんぜん》の第二農場（約八ヘクタール）の畑地で大豆（あやこがね・サチユタカなど）・大麦・小麦（ナンブコムギ・シロガネコムギなど）・雑穀（ハトムギなど）・小豆などを栽培し、金沢市を中心とした水田（約三〇ヘクタール）で米をつくる。ほかに、平飼いの鶏を三〇〇羽ほど飼っている。おもな販売先は、父が設立した農産工房金沢大地のほか、大豆が豆腐・味噌・醤油・納豆メーカー、小麦は製粉・醤油メーカー、パン屋・ケーキ屋・製麺屋などさまざまである。

祖父や父親の代は、河北潟の漁と水稲の半農半漁で生計を立てていた。当時の河北潟は鴨やサギなどたくさんの水鳥が飛来し、海と淡水の生物が共存する豊かな水郷だったが、高度経済成長期の一九六三年に干拓事業が開始される。約二〇年後、豊かな自然と引き換えに約一一〇〇ヘクタールの農地が誕生した。この干拓事業によって漁業権を失った祖父と父は、大規模な水稲栽培を夢見て干拓地へ入る。しかし、七一年に始まった米の生産調整の影響で、手に入れた農地は畑地としてしか使えなくなった。

重粘土の畑地は水はけが悪く、作業効率も悪い。父といっしょに干拓地に入った人びとの多くは、やがて夢破れ、去っていく。それでも、父は残された耕作放棄地や荒れた畑を開墾して、さまざまな作物に挑戦した。重粘土の土壌を克服するため父が積極的に行ってきたのが、堆肥散布による土づくり。そして、何度も失敗を繰り返して、ようやくたどりついたのが、大麦・大豆の二毛作による土地利用型大規模経営である。

私は大学の農学部を卒業後、東京からUターン。きっかけは父の入院だったが、父は言った。

「いきなり農業に就くよりは、社会勉強という意味でいろんな経験をしたほうがいい」

地元の広告会社に入社して担当した数十社のクライアントの多くは、いまで言うIT関連企業。この顧客たちがこぞって、PL法(製造物責任法)準拠や、環境ISO取得に動きはじめていた。その広報活動を手伝いながら、こう考えた。

「千年後にITという言葉は残っていないかもしれない。でも、千年以上続いてきた農業

麦の収穫。広大な農地では、機械が大きな力となる

は残っているはずだし、千年先の子孫に継承できるよう努力すべきではないか」

それを契機に、父の仕事である農業に将来性と魅力を感じていく。だが、会社を辞めて農業に専念する決断ができず、顧客であった大手電話会社の常務に相談すると、言われた。

「いますぐ農業に取り組んで、お米が何回つくれますか？」

「七〇歳までやったとして四〇回ですね」

「あと四〇回しかつくれないのですよ。本気で農業に取り組みたいのであれば、いますぐやるべきです。さっさとお辞めなさい」

目の前の霧が晴れ、一年後の九七年に退職して、父親の経営をベースに畑地すべてを有機栽培に転換。耕作放棄地を中心に開墾して規模拡大し、小麦の栽培も始めた。

脱サラして一〇年が経とうとしているいま、本当に千年産業をめざすのであれば、農業者として、経営者として、再生産できる有機農業モデルを実践し、世に示していかなければいけないと思っている。私財を投げ打ち、家族に迷惑をかけて、再生産できないモデルを夢見ても、思想家として終わるだけなのだから。

以前は、しつこく反収を聞いてくる方に対して、「千年間の平均反収で勝負しましょう」などと、価値観の違いを語ったものだ。しかし、いまは、日本の有機穀物栽培を志す多くの後継者たちに有機栽培の生産性・将来性を示し、仲間を増やす時期にきている。よい経営モデルがあれば、それを追う生産者が必ず現れるからである。私にとって有機農業は、手段や目的ではなく使命《ミッション》なのだ。

就農時に理想と考えていたのは、少量多品目の自然農法だった。だが、当初は父親が耕作していた三〇ヘクタールの畑地と一五ヘクタールの水田で手一杯。野菜の有機栽培までは手がまわらなかった。それでも、身近な作物から有機農業を実践しようと思い、まず有機大豆に取り組んだ。そして、実験・研究・販売を進めるなかで、多くの問題が見えてくる。たとえば、ある中堅の豆腐メーカーから、次のように言われた。

「有機大豆なんて日本にほとんど存在しないし、あったとしても加工に必要な量がそろわない。国産有機大豆なんてある種のブームで、日本の消費者は飽きっぽいから、アメリカや中国の有機原料で十分だ。第一、慣行の国産大豆ですら安定供給できないじゃないか」くやしかったが、そのとおりでもあった。そのときから、メーカーの加工ロットを満たす量の確保と安定供給を強く意識するようになる。同時に、海外との競争も念頭において、土地利用型の大規模有機穀物生産農場づくりへの挑戦を始めた。

私が脱サラしたころ、河北潟干拓地は父の時代よりさらに耕作放棄地が広がり、荒れていた。私はそれを借りて耕し、畑地に戻していく。石川県農業開発公社所有の耕作放棄地はすべて開墾した。苦労は多かったが、規模拡大自体はスムーズに進んだ。現在は、そうした土地を少しずつ買い広げているところだ。もっとも、生産性に見合わない価格のため、なかなか進まない。

有機大豆・有機小麦の安定供給は、絵にかいたモチではない。日本各地に、地域の反収を上回る収量を上げている有機大豆の生産者がいる。私の農場でも確実に技術が向上し、生産性が上向いてきた。

なお、ここでいう有機農業の語意は、有機ＪＡＳ規格により表示を許されたという意味ではない。化学合成された肥料や農薬を使用せずに、自然環境と対話しながら営む農業を意味する。

2　土づくりと雑草対策から広がる有機農業の可能性

「総窒素量は何キロですか？　追肥はどうしていますか？　穂肥は？……」

視察にいらっしゃった方から、こうした質問を受けることが多い。窒素・リン酸・カリを中心に即効性のある化学肥料で植物の成長をコントロールする慣行農業の技術は、たしかに世界各地で食糧増産の成果をあげてきた。

一方、私の有機農業は土づくりがすべてである。年間約三〇〇〇トンの鶏糞主体の堆肥を使用し、土づくりに力を注いでいる。堆肥は全量自家生産で、原料は気心の知れた一軒の採卵農家から調達する。抗生物質を使用せず、敷きわらなどの素性や安全性が確認できるものである。植物性の原料は、国産由来で、添加物が加えられていないものしか使用しない。こうした選定のポイントは、原料がすべてトレースできるかどうかである。

また、好気性の完熟発酵をさせ、成分分析を行うように心がけている。土づくりをしっかりしておけば、稲も大豆も麦も地力で穫れる。現在の反収は、米四八〇キロ、大豆一〇〇キロ、麦類二〇〇キロだ。

千年先に豊かな大地を残すために、私は土づくりをする。土づくりは貯金であり、生態系の創造なのである。私の代では無理かもしれないが、仮に肥料が手に入らないような事態が起きても一〇年ぐらいは無肥料で収穫できるような畑にしたいと考えている。

畑作は麦～大豆の二毛作なので、耕作面積でみると一年で約二一六ヘクタールとなる。畑地は無農薬・無化学肥料、水田は田植え前に除草剤を一回(二成分)だけ使う。化学肥料は一粒も使用しない。

大豆と麦類は一九九九年から完全無農薬でやってきたが(父の代は一部が無農薬)、それが原因で極端に収量が落ちたという経験はない。無農薬を実践している立場で関係機関から出される多くの栽培指針を見ると、明らかに農薬の使いすぎである。ほとんどが病気の発症・害虫の発生前に、予防的に使っている。穀物は等級が農家の手取りと直結するため、穀物農家はどうしても予防的に農薬を使ってしまう傾向にある。等級を決める食糧法(主要食糧の需給及び価格の安定に関する法律)の農産物検査基準は外観重視であり、安全性は考慮されないためだ。

たとえば、大豆には紫斑《しはん》病と呼ばれる病気がある。大豆の粒が紫色になる病気で、私の有機大豆にも散見される。検査基準ではこれが一定量以上あると等級ダウンの原因となるので、防除用に何回か農薬を使う。ところが、紫斑粒と呼ばれるこの大豆を食べても人体になんら影響はないし、醤油・豆腐の加工に使っても問題はない。製品に色がそのまま残

2005年の晩生大豆は収穫前に雪に埋もれた。今後は異常気象への事前対処が必須

るために煮豆や納豆メーカーからは敬遠されるが、色彩選別機で取り除けばなんの問題もない。

こうした経験から、水稲・麦・大豆は現在より農薬を大幅に削減できると感じている。

また、有機農業にとって、雑草は減収をもたらす最大の要因である。除草剤なしで雑草を抑える方法が確立されれば、土地利用型作物の無農薬転換は大幅に進むだろう。

私の大豆畑の場合、雨などで機械除草のタイミングを失えば収穫皆無となる場合もある。実際、二〇〇六年の作付けでは、収穫できないと予想される畑が約八ヘクタールある。播種後の長雨で、除草する機会を失ったのだ。

機械除草はトラクターに装着する特殊な機械を使って行うが、最終的には人の手による除草が必要になる。地域のシルバー人材センターなども活用するが、経費を考えるとすべての畑に人の手は入れられない。大豆畑一〇〇ヘクタールすべてを人の手で除草すれば、約一〇〇〇万円の人件費がかかる。

しかし、利益を人件費に充当できるようになれば、もっと多くのおじいちゃんやおばあちゃんにがんばってもらおうと思っている。農業に人件費を惜しまなければ、農村雇用の活性化やシルバー人材の活用につながっていく。いま来ていただいているおばあちゃんのひとりは、「自分の健康と長生きのためにがんばっている」と言ってくださる。

有機農業に人の手をかけるのは当たり前だ。農村や畑で人の笑顔が見られるのは大切なことである。全国の農村で、農業が基幹産業であると再認識されたとき、過疎地に顕在化する多くの問題が解決するかもしれない。有機農業はそんな可能性をもっている。

3　加工品で消費者に近づく

有機農家が地産地消や産直をめざすことは自然であり、意義がある。私は「消費者に近づきたい」「生産者の顔が見える有機加工品を世に出したい」という思いから、就農と同時に豆腐づくりを始めた。父の代までは、生産する大豆のほとんどを関西の豆腐屋さんに買ってもらっていたが、「自分の大豆を地元の消費者に食べてもらいたい」との思いを実現したかったのだ。

機械メーカーの社員からは「素人では絶対無理だ」と言われながら、約三〇〇万円で豆腐プラントを購入した。国産大豆・無消泡剤・天然にがりを使い、見よう見まねで始めた手づくり豆腐は、やはりむずかしい。農作業に支障が出ないように、豆腐づくりは早朝の作業と決め、悪戦苦闘が続いた。

納得のいく豆腐をつくれるようになるまでに、五年はかかっただろうか。しかし、この経験のなかで、いろいろな大豆品種の風味や加工特性、お客様に伝えたい商品知識などが蓄積されていった。地域の銘柄品種や奨励品種にとらわれず、多くの大豆の試験栽培と加工を積み重ねた結果、栽培技術にとっても貴重なノウハウを得られたのである。豆腐は現在、自然派生活共同購入会オルター金沢、二〇〇四年につくった直売所、インターネットなどで販売している。

有機圃場の二毛作だから、当然、大豆の裏作の大麦も有機栽培になる。当初は売り先がなく、残念ながら慣行品として農協へ出荷していた。

あるとき奈良県の共同購入会ネットワーク草の根から、「大和茶の焙煎技術を活かして、井村さんの麦で麦茶を委託加工してもらえませんか」ともちかけられた。委託加工は商品化までのスピードが速く、設備投資や技術習得の必要がない。なにより有意義なのは、生産者の顔が見える農産加工品を直接消費者へ届けられることである。

この麦茶がきっかけとなり、「豆腐づくりで学んだ食品加工のむずかしさもあって、「加工食品は国産の有機原料に理解があり、技術をもったメーカーにお願いしよう」と考えるようになった。以後、商品開発のスピードがあがり、委託加工品が増えていく(表1参照)。原料生産者を単一農家までトレースできるのは、有機JAS規格よりも重要な差別化ポイントだと考えている。

表1　金沢農業のさまざまな委託加工品
（原料生産者：井村辰二郎）

製　　品	委託加工先
豆腐	金沢大地
有機納豆	小杉食品
納豆	小山商店
味噌	金沢大地
有機味噌	マルカワ味噌
醤油	中初商店
有機醤油濃い口	足立醸造
有機醤油薄口	片上醤油
麦茶バラ	竹内茶園
麦茶煮出し専用	田中竜商店
有機麦茶水出し	京都グレインシステム、仲居玄米茶屋
有機はと麦茶	京都グレインシステム、仲居玄米茶屋
有機小麦粉強力	東日本産業
有機小麦粉準強力	東日本産業
有機小麦粉薄力	東日本産業

土曜と日曜は直売所も営業している。醤油・小麦粉・麦茶などインターネットで買える商品のほかに、野菜や米、そして我が家の卵でつくったプリンのような直売所限定品もある。

4　食卓から始まる食育

私は有機農家である前に、七歳の娘と五歳の息子の親でもある。野菜はなるべく自家菜園で自給しているし、豆腐、納豆、味噌もつくっている。したがって、井村家の自足自給率を計算すれば、かなり高い数字になると思い、二〇〇〇年に私がつくっているものをカロリーベースで計算してみた。ところが、計算の結果は五〇％を超えるのがやっとだったのだ。

「おかしいな」と思ってよく考えると、妻も娘もパンが大好きで、ラーメンもうどんも食べる。「小麦が日本の主食になりつつあるのかな」と感じたぐらいである。もっとも、小麦もやはり、日本の伝統的な食べ物だったはずだ。そこに気づいたことが有機小麦に力を入れるきっかけのひとつとなった。小麦が自給できるようになって加工品も増え、井村家の食料自給自足率は約六〇％まで上がった。

また、我が家が買う食材は、そのほとんどが国産だ。外食する場合も、なるべく地産地消や国産にこだわったお店を選択する。その結果、我が家の国産比率はほぼ一〇〇％に達している。

「このアスパラは能登島産」

「この鶏肉は国産だけど、餌は外国から輸入しているかも」

「パパの卵は、餌もパパ産だよ」

子どもたちと食卓を囲みながら、いっしょに食べものの話をする。これが我が家の本当に豊かなひとときだ。食卓から始まる食育である。学校での取り組みも重要だが、食育はぜひ家庭の食卓から進めていただきたい。

有機農業の素晴らしさを伝えたくて、発展途上ではあるが、私の有機農業とのかかわりを記した。これまで孤軍奮闘がんばってきたが、〇六年の「農を変えたい！三月全国集会」を機に、多くの先輩や仲間の存在を再認識できた。このネットワークを広げていくことが、日本の農業の発展につながっていくと強く感じる。先輩たちの努力や苦労を結実させ、豊かな農地を未来に継承するために、いま私がすべきは、地域で仲間を増やし、有機農業の可能性を人びとに伝えることだと決意している。

「がんばれ！日本の有機農業」

3 食と農の架け橋へ

石塚 美津夫

1 首都圏コープ事業連合との出会い

私は新潟県北部のJAささかみ(阿賀野《あがの》市の旧笹神《ささかみ》村を中心とする事業地域)で営農指導の活動をしながら、地域循環型の米づくりシステムの組み立てや、首都圏の消費者との交流活動にかかわってきた。JAささかみは理事一〇人の平均年齢が約五五歳、そのうち七人がJAS有機の認証を受けて米づくりをしている、少し変わった農協だ。主要作物は米で、組合員は一九〇三名(二〇〇六年一月現在)。一九八八年に特別栽培米の取り組みを開始した。そのきっかけとなったのが、現在のパルシステム生活協同組合連合会(以下パルシステム、旧首都圏コープ事業連合)との長年にわたる交流だ。

パルシステムとJAささかみの出会いは七八年。正確に言うと、パルシステムに参加している東京マイコープの前身である北多摩生協と、合併前の笹岡農協の出会いである。この年から減反政策の面積消化が始まったのだが、村をあげて反対運動をした結果、笹神村

(現在は阿賀野市)の減反達成率は全国ワーストワンの一八・七%となった。新潟コシヒカリを扱いたくても扱えずにいた結成まもない北多摩生協は、マスコミで取り上げられた笹神村のこうした状況を目にして、扱える可能性があるのではないかと考えたのである。

当時は、米流通は国の統制下にあり、農協の系統組織で産直をするなどという話はとんでもない時代であった。だが、専務(のちの組合長)の五十嵐寛蔵さんの、「いますぐに産直ができなくても、将来は必ず可能になる」という一言で、交流が始まる。あのころ五歳だった子どもは現在では三〇歳を超えており、五歳の子どもがいても不思議ではない。実際、彼らがいまもやって来る。それほど息の長い交流となっている。

当時は環境保全とか有機とか言っても、「何をやっているんだ」と理解されないばかりか、異端児扱いだった。交流を始める当初、私自身はかなり不安だったのだが、振り返ってみると私の農業哲学・人世哲学の師匠である五十嵐さんの教えは正しかったとつくづく思う。

2　有機の里ささかみ

それから一〇年たった一九八八年に特別栽培米制度が制定され、米の産直が可能となる。だが、簡単に産直を始めることはできなかった。当時は、産直に取り組むには、誰のところに届けるのか確認するために、消費者一軒一軒からハンコをもらわなければならなかったからである。私の記憶では、約二〇〇〇軒の消費者からハンコをいただいたと思う。

産直を始めたときに旧北多摩生協の中沢満正《みつまさ》専務が語った言葉が、強く印象に残っている。それは、「双方のエゴを払拭しよう」という言葉だ。双方とは、消費者と生産者である。消費者のエゴとは「安全で、安くて、おいしい」農産物で、生産者のエゴとは「つくりやすくて、いっぱい穫れて、高く売れる」農産物である。それぞれがそう主張しあっていては平行線だから、双方の思いを理解し、接点を見つけようというのだ。この言葉は、いまも時に応じて思い起こしている。

産直が始まって、持続可能な農業・環境保全型農業に対する考え方が一気に進んだ。時を同じくして、バブル最盛期の八九年に、大きな市も小さな村も一億円を何に使ってもよいという「ふるさと創世資金」が全国の市町村に交付された。ほとんどの市町村は商工や観光に使ったが、笹神村は五十嵐さんの発案で、「農業が基幹産業だから農業につぎ込もう」と、もみがらを主体にした有機質堆肥をつくる「ささかみゆうきセンター」を建設した。翌年には「ゆうきの里宣言」をして、「土づくりは村づくり」を合い言葉に土づくりに取り組んだ。

もっとも、すぐに堆肥の利用が広がったわけではない。だが、九三年の全国的な冷害の年に、堆肥を連用した圃場は収量の落ち込みが少なかったことを目にして、一気に堆肥散布と特別栽培米が広がった。現在ではＪＡささかみ管内の全作付面積の約五〇%が堆肥を散布し、約四〇%が特別栽培米（五五〇ヘクタールが減農薬・減化学肥料栽培、一五ヘクタールが有機栽培）に取り組んでいる。

3　環境とものがたりを届ける

特別栽培米に取り組むと同時に、田植え・草取り・稲刈りツアーを開始し、まさに顔の見える交流が始まった。料金を安く上げるために、交通手段はバスだ。当初は活気があったが、しだいにやって来るのは同じ顔ぶれになった。それもそのはず、ＪＡささかみに午後一番に来るためには、新宿に朝八時に集合しなければならない。誰でも参加できるわけではないのだ。そこで、比較的空いている時間帯の新幹線利用を計画したが、交通費の負担が問題になって、なかなか実現できなかった。

二〇〇〇年になって、「もう一歩進んだ交流事業をやろう。生産地と消費者が互いの立場に立った産直品の開発をやろう」と、行政・生協・ＪＡの三者で「食料農業推進協議会」を結成する。そして、共通認識に立った産直品を開発しようと、双方が出資して豆腐工場を建設し、ＪＡから届ける産直品の売り上げの一％を寄付して交流事業の財源とした。その結果、新幹線の交通費も捻出でき、交流の輪が一気に進んだ。この協議会は日本農業賞の特別部門である「第一回食の架け橋賞」の大賞を〇五年に受賞し、ここから一歩進んだ交流事業が始まっていく。

これまで、いろいろなイベントを実施してきた。都会の人たち――とくに子どもたち――がもっとも喜ぶのは、自然に親しみ、生き物に触れることだ。サマーキャンプでは、パルシステム・新潟総合生協・地元小学校の親子で、どろんこ運動会やニジマスのつかみ獲りを行う。昼食には獲ったニジマスを焼き、おにぎりをほおばる。

夜の食事は当初、ＪＡの女性職員が食材を調達し、どの班も同じ材料で同じ食事だったが、どうもつまらないと感じていた。そこで思いついたのが、乱暴な言葉だが「自分たちのエサは自分たちで調達を」。一〇名程度の班をつくり、青年部や女性部のメンバーを案内人に、半日かけて笹神村じゅうをかけまわり、食材を調達するイベントだ。一九九八年に始めて、いまも続けている。

一人に一〇〇〇円を持たせ、畑に農家のおばちゃんがいたらトマト・なす・きゅうりなどを分けてもらい、収穫の喜びも同時に経験する。都会の子どもたちが、スーパーなどの店頭でしか見たことのない食材を一〇〇〇円で何個買えるのか、身をもって知る。本来の食事

田んぼに現れたシマヘビ。生き物を前にした子どもたちの目は生き生き輝く

は、自分で収穫して自分でつくってこそ。これは立派な食育だろう。

移動中は川に入り、どんな生き物がいるのか探す。ときにはどじょうを獲って、どじょう汁をつくる。環境がよければ必ず生き物がいる。都会の子どもも田舎の子どもも、生き物に接すると目がキラキラ輝く。

こうした経験から、農薬使用の少ない水系や有機圃場にはまちがいなく生き物がたくさんいることを知り、「生き物観察」から「農法の違いによる生き物調査」へと発展していく。それは、目で確認ができた生き物観察から、それまで気にとめなかった土の中の世界へ入っていくことだ。

生き物調査のために採取した有機栽培の土を洗うと、現れるイトミミズやユスリカの数の多いこと。ミミズは英語でアースウォーム(地球の虫)という。人間は頭を上にして地球の主人公のごとく振る舞っているが、実はこの四〇年間でどれだけ環境を破壊してきたか。一方イトミミズは頭を下にして、有機物を食べ、糞を上にかき上げ、人間が壊した土を一生懸命に休むことなく修復している。本当に頭が下がる。

私たちがイトミミズから学んでいかなければ、取り返しのつかない環境になってしまうだろう。間違いなく有機圃場には、イトミミズが多く働いている。慣行栽培と有機栽培を比較し、生物多様性の世界を確認することで、おとなも子どもも、生産者も消費者も、農産物の価値を共有できる。生き物調査は奥が深く、意義深い。

〇四年には「NPO食農ネットささかみ」を組織し、生産者からも寄付金をいただきながら産直・交流をもう一歩進め、オプション企画では必ず生き物調査を実施している。産地がいくらこだわり農産物をつくっても、消費者の理解が得られなければ継続販売はむずかしい。

産直の原点はお互いを知ることであり、産地を知るには何と言っても交流である。産地に足を運んでいただき、農産物や環境に対する生産者の思いや風の匂い、土のぬくもり、生き物などを肌で感じていただいて、お互いに熱く語り合うことだ。単に農産物の産直ではなく、農産物の背景にある環境や価値観、言い換えれば「ものがたり」を伝え、共有しなくてはならない。

4　ふゆ水田んぼとの出会いで変わった私の農業観・価値観

　私自身は減農薬・減化学肥料栽培を中心とした稲づくりを続け、一九九六年から有機栽培を一〇アールで開始する。毎年面積を増やしてきたが、まさに草との闘いの連続だった。だが、ふゆ水田んぼとの出会いで私自身の農業観が変わった。

　私が暮らすのは山すその小さな集落で、ちょっとした棚田がある。若いころは、面積が小さく、収量は少なく、何と手間のかかる不便な田んぼだろうと思っていた。しかし、有機農業を始めて一〇年、メダカやホタルなどがどんどん増えてくる。いまでは、自然が豊かで、生き物がたくさんいて、なんとすばらしい田んぼだろうと思っている。

　ホタルは田んぼのまわり、メダカは田んぼの水の中、イトミミズやミミズは土の中――三つの生き物はそれぞれ環境のバロメーターになっているようだ。私の有機圃場のまわりで、この三つの生き物がどんどん増えていくのが楽しくてならない。

　有機農業を始めたころ、はいつくばって草取りする私を冷やかな目で見ていた妻も、有機米を食べるようになり、生き物が増えてきたと実感できたのか、私のとなりでいっしょ

ふゆ水田んぼの生物循環の最後は鳥。3月には約6000羽の白鳥が飛来する

に草取りをするまでになった。六月と七月は毎日、妻とあぜ道でホタルを見ながら晩酌している。

二〇〇六年の一月末、新潟市を中心とした団塊の世代の消費者夫婦約一五名が我が家を訪れた。私の田んぼのメダカやホタルを見て感激した人たちで、「冬水田んぼの有機農業のお手伝いをしたい。有機農業についていろいろ教えてほしい」と言う。そして、山あいの奥の耕作放棄地を復田し、有機農業をしたいと話され、私は感動した。

私は〇五年まで二三〇アールで米の栽培をし、そのうちふゆ水田たんぼに取り組む有機農業は一一〇アールで、これが限界と感じていた。しかし、〇六年は彼らとともに取り組めるので、面積を広げた。耕作放棄地を含めた二八〇アールで栽培し、うち一五〇アールで有機栽培のふゆ水田んぼを実施している。

私には農地があり、他人の耕作放棄地を借りる権利はあったが、手間がなかった。一方、彼らはやる気と手間はあっても、農地がなかった。彼らとの出会いによって、冬水田んぼが広がったのである。

話し合いの結果、田んぼとのかかわり方によって独立型・援農型・体験型と分け、それぞれ年間のカリキュラムをつくって、いつでも土にふれあえるようにした。「夢の谷ファーム」と名付け、毎週のように誰かが農作業を楽しんで、汗を流している。多いときは東京マイコープの職員・新潟大学の学生・夢の谷ファームのメンバーなど約二〇名がおにぎり持参でやって来て、農作業に励む。そんなときは、近くのおばちゃんと私の妻が味噌汁を提供する。体験ツアーではできない、いろいろな農作業や耕作放棄地の復田、古代米や酒米山田錦の栽培にも取り組み、私自身も楽しくてしかたがない。

これがきっかけとなって、もっと多くの人に田舎を体験し、農作業体験にどっぷりつかってほしい、そして田舎料理を食べながら語り合いたいと考え、「オリザささかみ自然塾」(http://blogs.yahoo.co.jp/oriza 5432)を〇六年四月に始めた。生産者・消費者という別々の立場ではなく、同じ生活者としての目線で農業や食をとらえ、有機栽培を体験するのが目的である。

オリザは、稲の学名オリザ・サティバと、メダカの学名オリジアス・ラティペスから取った。ラティペスは「稲のまわりにいる」という意味だという。メダカなど田んぼのまわりにいる生き物への思いもこめている。

農業は効率化を求めて、大圃場化・大型機械化してきた。農家人口が減れば、さらに効率化を求め、化学肥料や農薬に頼るのは必然だ。この流れからすると、ふゆ水田んぼは逆方向だが、私たちの孫の世代を考えたとき、どちらが正しい選択であろうか。私は生産者や消費者という別々の立場ではなく、同じ生活者として、食についての考え方や農産物の価値観の共有が大切であると思っている。

4　ファーマーズマーケットを拡げる

橋本　慎司

1　自給と百姓の定義はさまざま

私は最近、日本人の曖昧な姿勢や流行に左右される変わり身の早さが、実は日本人の美徳ではないのだろうかと思いはじめている。歴史的に見ても、初期は韓国・中国から学び、明治以降は西洋文化の影響を受けてきた。それもまったくの模倣ではなく、日本人独特の創造性を活かし、新しいものを取り入れてきたように思う。米にしても野菜にしても、大陸から入ってきたものをもとに、日本に適した農業技術を開発してきた。

日本の農を変えようとするとき、この日本人の特徴を活かし、さまざまな価値観の違いを乗り超え、お互いの役割を上手に果たさなければ、社会全体を巻き込む力にはなりえない。私たちは諸外国との縁を切って鎖国するわけでもないし、農業だけで立国するつもりでもない。農業が大切にされていないことに異議を感じ、共通の認識をもって、農を変えようと立ち上がったのである。

われわれが「自給をすすめる百姓たち」という会をつくったのは、阪神・淡路大震災が起きた翌年の一九九六年だ。都市機能が寸時に破壊され、農村と都市の関係が遮断されたとき、関西地方の農民や農業関連組織はすぐに救援に向かった。そこで、あらためて農業の大切さを認識し、新たなネットワークづくりをめざしたのである。そこでは、「自給」と「百姓」という言葉の定義についてさまざまな議論があった。そして、結論としては、自分の思う「自給」、自分の考える「百姓」でいいではないかというところにおちつく。

自給は、ある人にとっては農業が崩壊しつつある日本の自給率を向上させるための「国内自給」であり、ある人にとっては巨大な市場流通によって分断された近郊都市と農村の「地域内自給」であり、ある人にとっては近代農業によって単作化しつつある「農場内自給」である。百姓についても、百姓(農業)で食っている人が百姓であると考える人もいるし、もともと農業も漁業も行商も大工も陶芸も含めて百姓であり、それらにかかわる人はすべて百姓であると考える人もいる。

きわめて曖昧でまとまりがない会であるが、二〇〇五年で一〇周年を迎え、代表は私から和歌山県湯浅町の有機農業生産者・丸山良章氏に代わった。百姓や自給という定義ひとつとっても、人によって考え方はさまざまである。それをひとつにまとめることは困難だし、そこを乗り超えないかぎり、全国的なネットワークはむずかしい。

2　つながりをつくる分業化と多様性を壊す分業化

われわれがテーマとして掲げた自給と百姓というキーワードは、農がなぜ変わったのかを考えるうえで大きな意味があるだろう。私は農業を始めて一八年しか経っていないが、その経験で仕事のある程度の分業化は非常に効率のいいことがわかった。農業を始めた当初はすべての自給をめざし、さまざまな農産物をつくり、自分で鶏舎を改装するなどすべてをやろうとした。当初は機械も否定し、草は鎌で刈り、畑は鍬で耕したが、やっているうちにその大変さに気づく。

そして、鎌は草刈機に、鍬は耕耘機、さらにトラクターへ変わった。その後、結婚して妻と作業を分業化したらさらに効率があがり、楽になった。いまでは生産者のグループ(市島町有機農業研究会)があるので、ときには出荷を任せて農場を離れられる。パンも家で焼くのではなく、ヒビの入った卵との物々交換でパン屋さんとのつながりが有機的に生まれ、楽しい。ひとりでなんでも自給するより、けんかしながらでも仲間がいる生活のほうがいいし、やはり社会性やコミュニティのつながりは大切である。

人間はきびしい自然のなかで自らを守るために集まり、家族をつくり、共同体を形成する。共同体は地域社会を、地域社会は国家を、国家は国際社会をつくっている。生き物が自然との関係なしでは生きていけないように、人間は社会があって存在できるのではないだろうか。人間はひとりでは生きていけないし、ひとりではない。

同じように、政治にも経済にもすべてにつながりがあり、それを切り離して農業再生運動はありえない。「農を変えよう！」という全国運動に有機農業推進法の制定や有機農業議員連盟がかかわることを、「政治的」運動として非難する人がいる。だが、新たな農業運動を始めるのに、こうした批判に終始するのではあまりにも悲しい。

根本的な問題は、多くの政治家や権力者や経済学者が信じている経済自由主義であり、効率化のための極端な分業化である。これは、有機的なつながりが生まれる分業化とはまったく異なり、人間の人間らしさと自然界の自然らしさを破壊しているのではないだろうか。本来、百姓の世界では仕事のなかに遊びがあり、遊びのなかに仕事があった。頭脳労働と肉体労働が満遍なくあり、仕事には生産と営業や販売が混ざっていた。

生産性のみを考えれば、ジャガイモはジャガイモに適する地域でつくり、人参は人参に適する砂地でつくるのが効率いい。では、コーヒーやバナナが得意な国は、穀物はつくらずに、コーヒーやバナナだけをつくればいいのだろうか。また、価格は労働賃金が安いところのほうが安いし、山地よりも平地のほうが生産コストは低い。では、工業が得意な日本は、農業を捨てて工業化すればいいのだろうか？

得意な国が得意なものをつくれば、効率はいい。しかし、それで本当に豊かになれるのだろうか？　近くでお米や野菜がつくれるのに、はるかかなたの外国で水とエネルギーを大量に使って生産し、輸送することが豊かなのだろうか？　資源は限られているにもかかわらず。

不安定な国際社会において、自国の食糧生産を止めることは危険ではないか。実際、工業国といわれる欧米社会は、農業も同時に守っている。しかも、彼らは人間にもっとも重要な穀物を自給しているではないか。一方で、農業国である第三世界の多くは貧困にあえいでいる。自由化すればみんなが豊かになるというのは幻想であり、明らかに勝ち組と負け組みに分かれてしまうのは自明の理だ。自然界がそうであるように、あらゆる地域と国家は多様であるべきだ。

3　生産者と消費者を結ぶファーマーズマーケット

ファーマーズマーケットが農を変えると直感したのは、二〇〇二年八月にカナダのヴィクトリア市（ブリティッシュ・コロンビア州）で開催された国際有機農業運動連盟（ＩＦＯＡＭ）の世界大会に参加したときだ。

もちろん以前から、ファーマーズマーケットには何度も出会っている。就農する前に勤めていた生活協同組合で訪ねたアメリカ・サンフランシスコでも見たし、高校時代に住んだブラジルでは母が「フェーラー」という露天市でよく買い物していた。ＩＦＯＡＭアジアの理事在任中にはタイ、インドネシア、インド、ネパールなどアジア諸国でも見たし、日本では千葉県勝浦市で訪ねた。農家が直接農産物を持ち込んで、消費者と交流しながら売るのは、どこも変わらない。

カナダのときは、いっしょに世界大会に参加していた人たちの通訳をしていたので、現地の事務局から運営方法について詳しく書かれた冊子を手渡された。それを読むと、実にみごとに運営されている。運営のルールは会員によって決められる。会員資格をもつのは、農家を中心に、加工業者、飲食業者、手工業者など。会員を代表する理事会で大まかな方針を決め、ルールが守られているかを監視する。ルールに違反すると出店できなくなる。

理事会は七名以上で構成され、少なくとも三名が農家、残りは加工業者・飲食業者・手工業者・地域の住民代表が一名ずつだ。三名以上農家が入るのは、農民の声が反映できるようにするためのようだ。ルールは細かく、農産物は基本的にヴィクトリア市周辺の有機農産物でなければならない。有機認証を受けていない農家は、自己申告した認定書をブースに提示する必要がある。

出店の権利はより多くの品目を栽培している農家に与えられ、加工業者は地域の素材を使っていることが勧められている。ただし、フェアトレード商品のように一部には例外もある。強引な販売、ディスカウント表示、割引は禁止されている。

また、フランスのマルセーユで見たファーマーズマーケットでは、全部が有機農産物ではなかったが、地場産であることと、各農家の農産物へのこだわりをブースの前のパネルで説明していた。アメリカでは、地域の農産物を育てることを目標におき、半径何キロ以内の農場の農産物であるべきかをルール化していたり、加工品も基本的に地域の農産物を利用するように明記されているファーマーズマーケットもある。

日本では地域内の農家が集まる機会がなかなかないが、北米やヨーロッパのファーマーズマーケットは農家間の交流を深める役割ももつ。農家だけでなく、パン屋、加工業者(地場産のチーズやハム)、環境団体のブースもある。食べ物屋、オープンカフェがあり、地域のシェフが来て会場の農産物で調理したり、市民が自分でつくった工芸品を売ったり、ミュージシャンがギターを弾いていたりする。単に農産物を買いに来るのにとどまらず、市民の憩いの場になっているのだ。

いずれもカナダと同じように、農家と消費者が集まって理事会をつくり、どんな内容にするかのルールが決められている。それは、まさに市民の市民による市民のためのマーケットであり、農村と都市を結ぶマーケットである。

日本の農を変えることを考えたとき、どうすれば農家をこの運動に巻き込めるだろうか。日本の農業運動では、一般消費者と農家が出会う接点が少ない。農家はたびたび農村で交流会を開き、都市住民を連れてきたけれど、単発的なイベントではなかなか次につながらない。産消提携運動も長くやってきたが、思うように消費者は広がらなかった。

むしろ、ファーマーズマーケットが盛んな欧米で、生産者と消費者の提携活動が拡大してきている。農を変えたいと思うのであれば、より広く市民に農業の現状を理解してもらわなければならないし、農が生活の身近な部分に存在しなければならない。だからこそ、いま日本の農を変えるのにファーマーズマーケットが必要なのである。

4　人気を集め、交流が生まれる直売の場

関西では、大阪市東成《ひがしなり》区鶴橋にある東小橋《おばせ》商店街の商工会との出会いによって、二〇〇三年から隔週の土曜日に百姓市が始まった。東小橋商店街はかつては相当なにぎわいがあっ

思いを直接伝えて販売する場は生産者にとって得がたい経験だ（大阪・鶴橋）

たが、ここ数年で主流が鶴橋駅周辺に移り、多くの店が撤退してしまう。

そこで、われわれ「自給をすすめる百姓たち」の存在を知った商工会の会長がなんとか街の活性化に役立たないかと相談に来られ、話し合いをすすめた。その結果、空き店舗となっていた商店街の雑貨店を無償で貸していただけることになる。こうして「自給をすすめる百姓たち」の理事を中心に、兵庫県、和歌山県、大阪府の有機農家が隔週で野菜を持ち寄って販売を始めた。店の管理は大阪府で新規就農した若者が担当。毎回、二～五軒の農家が集まって、雑貨店の前で有機野菜を売った。

商店街が事前に地域誌を通じて宣伝してくれたおかげで毎回、余ることなく野菜は売れた。人参などは泥つきのまま売れ、夏にはキュウリ、トマト、なす、冬は白菜、ネギ、水菜などの定番商品が人気を呼んだ。虫くいだらけの白菜を売って、消費者からしこたま怒られた生産者もいた。紅菜苔《こうさいたい》（とう立ちした茎や葉を食べる）や万願寺とうがらしなどあまりスーパーにおかれていない野菜も並んだ。野菜以外で人気が高かったのは、和歌山県の農家が出した神棚に供える榊《さかき》だ。

無農薬であるとか有機であるとかに関係なく、農家が直接売りに来るのが新鮮のようで、地域のお年寄りも飲み屋さんも、もちろん主婦も買いに来た。近くの韓国料理店やフランス料理店の調理師さんも買いに来た。農家は全員が有機認証を取得しているわけではなく、「自称有機農業者」もいる。だが、消費者にとっては顔が見えることと新鮮さが大切のようだ。やがて、少しずつ常連客ができる。生産者の農場まで直接訪ねるお客さんも現れた。

また、この百姓市がきっかけとなって、新しい動きも生まれる。地域に伝わる在来の瓜《うり》の種を保存し、大阪の伝統野菜を守ろうとしている東成区役所の職員が協力して、商店街、行政、「自給をすすめる百姓たち」が合同で、地域の活性化をめざしたシンポジウムを〇五年に東成区役所で開催したのだ。

ただし、兵庫県の生産者にとっては鶴橋は遠すぎて、交通費を考えると利益がたいして得られない。そのため、現在は大阪府と和歌山県の二人の生産者に任せている。

さらに、〇五年には神戸市でも新たな動きが起きた。東灘区《ひがしなだく》岡本にある有機農産物の八百屋さんと私が住む丹波市市島町《いちじま》の若い生産者との話し合いがすすみ、その八百屋さんの前で野菜を売りはじめたのだ。これをきっかけに、町内でバラバラに農業に取り組んでいた新規就農の若者たちが「めぐみファーマーズ」という生産者団体を結成し、販売を続けている。〇六年一一月からは、市島町有機農業研究会も参加する。

そして、八百屋さんには新しいお客さんが増えたという。大学生がボランティアで手伝いに訪れ、農村と都市の交流の場、学習の場、そして地域住民同士の交流の場になりつつある。

農を変えるには、農家が自ら自慢の農産物を持って出かけ、都市の住民に語りかけるしかない。都市と農家の交流の場を日本各地で広げ、農の大切さを訴える場が必要な時代がきている。各地の街角から、「農を変えよう」と声をあげなければならない。農は草の根から変えていこう。

第6章

有機農業推進法を創ろう

今井　登志樹

1　有機農業推進議員連盟が設立される

二〇〇一年四月に開始された有機JAS制度により、それまでの「どれが本物の有機なのか」という消費者の混乱はある程度是正され、社会的にも信頼は担保されるようになったと思われる。だが、国内の生産規模は農産物総生産量の〇・一六％（〇四年度の農水省調べ）しかない。有機JAS認証を取得していないが、有機農法で生産した農産物を試算して加えても、一％を超えることはない。

一方、海外から輸入される有機JAS認証を受けた農産物や加工品は、増加の一途をたどっている。〇六年秋にスタートする有機畜産制度においても、国内では有機飼料の入手が困難という問題がある。それゆえ、海外の乳製品・肉などが大手を振るうであろうことを、国内の有機農業関係者は懸念している。

こうした国内有機農業の現実は、有機JAS制度が表示規制の枠を出ず、有機農業に取り組む、あるいは新たに取り組もうとする生産者を支援する有機農業推進法が存在しないという法制度の不備、アンバランスの結果であると言われてきた。そうしたなかで〇四年一一月、有機農業推進議員連盟が設立される。そこから現在に至る有機農業推進法上程に向けた動きは、私たち有機農業にかかわる者による活動の結果というよりも、率直に言って一人の国会議員の決意によるものである。

朝日新聞の夕刊に、「ぴーぷる」というコラムがある。国内外を問わず、ある人物にスポットを当ててその活動を紹介しながら、小さいけれど新たな芽吹きとなる動きを伝えるものだ。〇四年九月二日に取り上げられたのは、ツルネン・マルテイ参議院議員（民主党）の活動である。夏休みに母国フィンランドに帰国したツルネン議員と有機農業を推進するフィンランド議員との交流が記され、自ら有機家庭菜園を耕すツルネン議員の、こんな決意が記されていた。

「自然環境のためにも、ぜひ（有機農業を）広げたい。超党派の有機農法議《ママ》連を発足させる準備に取りかかる」

ツルネン議員の事務所から私が所属するＩＦＯＡＭジャパンに電話が入ったのは、その年の一〇月初旬だ。秘書に次いで電話口に出られたツルネン議員は、熱っぽく語った。

「一〇〇名を超える超党派の議員が参加して、議連の設立総会を開催することになりました。有機農業推進法の制定をめざしてがんばります。協力してください」

一一月九日の設立総会会場には、数十名の議員や秘書が詰めかけた（〇六年八月現在、参加メンバーは一六一名）。谷《や》津《つ》義《よし》男《お》会長（自民党）があいさつに立ち、ツルネン事務局長の進行で総会は進んだ。配布された設立趣意書には、新農業基本法に記されている農業をとおした環境保全の取り組みの先に有機農業の推進があるという趣旨が、簡潔だが格調高く語られていた。

「人類の生命維持に不可欠な食料は、本来、自然の摂理に根ざし、健全な土と水、大気のもとで生産された安全なものでなければならないという認識に立ち、自然の物質循環を基本とする生産活動、特に有機農業を積極的に推進することが喫緊の課題と考える。

よって、ここに『有機農業推進議員連盟』を設立し、我が国の気候風土等に適した有機農業の確立とその発展に向け、有機農業実践者、消費者、行政、研究者等との連携のもと、我が国及び諸外国の有機農業の実態と問題点を調査研究し、法的な整備も含めた実効ある支援措置の実現を図ることとしたい」

食の安全ばかりでなく、有機農業の本来の理念である自然の物質循環による環境負荷の軽減にも目配りし、次の時代に向けた農業の課題が的確にまとめられ、「なぜ、いま有機農業なのか」という問いにも正面から応えた文書である。

総会後に行われた勉強会では、日本の有機農業の現状や、国策として親環境農業法を制定して有機農業を推進する韓国の事例などが紹介された。講演後の質疑では、議員から、有機農業の役割を認めつつも、「自給率向上をめざす日本農政にあって、有機農業はあまりにも生産性が低いのではないか」という懸念や、「本当に農薬なしで農産物がつくれるのか。農法としては認めるが、産業としての農業として果たして成立するのか」という疑問が投げかけられる。これに対してツルネン事務局長は、「有機農業の生産現場を訪れて実情を視察してはどうか」と提案。以後、〇六年八月までに一四回の勉強会を重ねている。

〇五年七月九日には有機農業推進議員連盟の有機圃場見学が実現した。栃木県にあるNPO法人民間稲作研究所（稲葉光國氏主宰）の実践農場を谷津会長はじめ七人のメンバーが訪れて、有機稲作を見学。農薬を使用しない米づくりに、実際にふれた。

2　有機農業推進法の試案をつくる

有機農業推進議員連盟の結成に先立ち、日本でも有機農業の本質や理念を正しくふまえた有機農業推進法が必要であるとの考えから日本有機農業学会は二〇〇三年一二月、「有機農業政策研究小委員会」を設置。国内外の有機農業にかかわる法令等の資料を収集・検討し、〇五年三月には小委員会内の「法案検討タスクフォース」を組織して、法案試案の具体的検討に着手した。

そして、足立恭一郎氏（農林水産政策研究所〈当時〉）を座長とした六人のメンバーが打ち合わせを重ね、「みんなの智慧の集積」と名付けたメールでのやり取りを繰り返しながら、試案作成に取り組んでいく。法案検討タスクフォースに求められるのは、有機農業の政策づくりと法案づくりという、二重の専門知識を要する作業である。有機農業政策研究小委員会の主要メンバー以外に、弁護士や行政ＯＢなどの専門家の協力も依頼して作業は進んだ（私もその末席に参加させていただいた）。

本来であれば、多くの有機農業生産者の声を集めることが重要だ。しかし、当初は〇六年の通常国会への提出を想定していたために、時間的な制限がある。数人のメンバーがそれぞれの関係者に意見を聞くことしかできなかったのが残念であった。

有機農業政策研究小委員会がとりまとめた「有機農業推進法要綱試案」は、〇五年七月二五日に憲政記念館（東京都千代田区）で開催された日本有機農業学会主催（有機農業推進議員連盟後援）の公開フォーラム「有機農業推進法（仮称）の制定をめぐって」において提示された。この試案は有機農業基本法・理念法として構成しつつ、推進の具体的施策に踏み込んだ内容である。有機農業圃場の基礎データの調査・公表、消費者や学校・病院などの施設における有機農産物およびその加工食品の利用促進などについても、具体的な条項が盛り込まれていた。また、有機農業にかかわる専門家によって構成される有機農業推進検討委員会を農水省に置き、法律の施行に関する重要事項を調査・審議することを大きな柱とし

図1　EU加盟国の有機農業実施面積率の推移

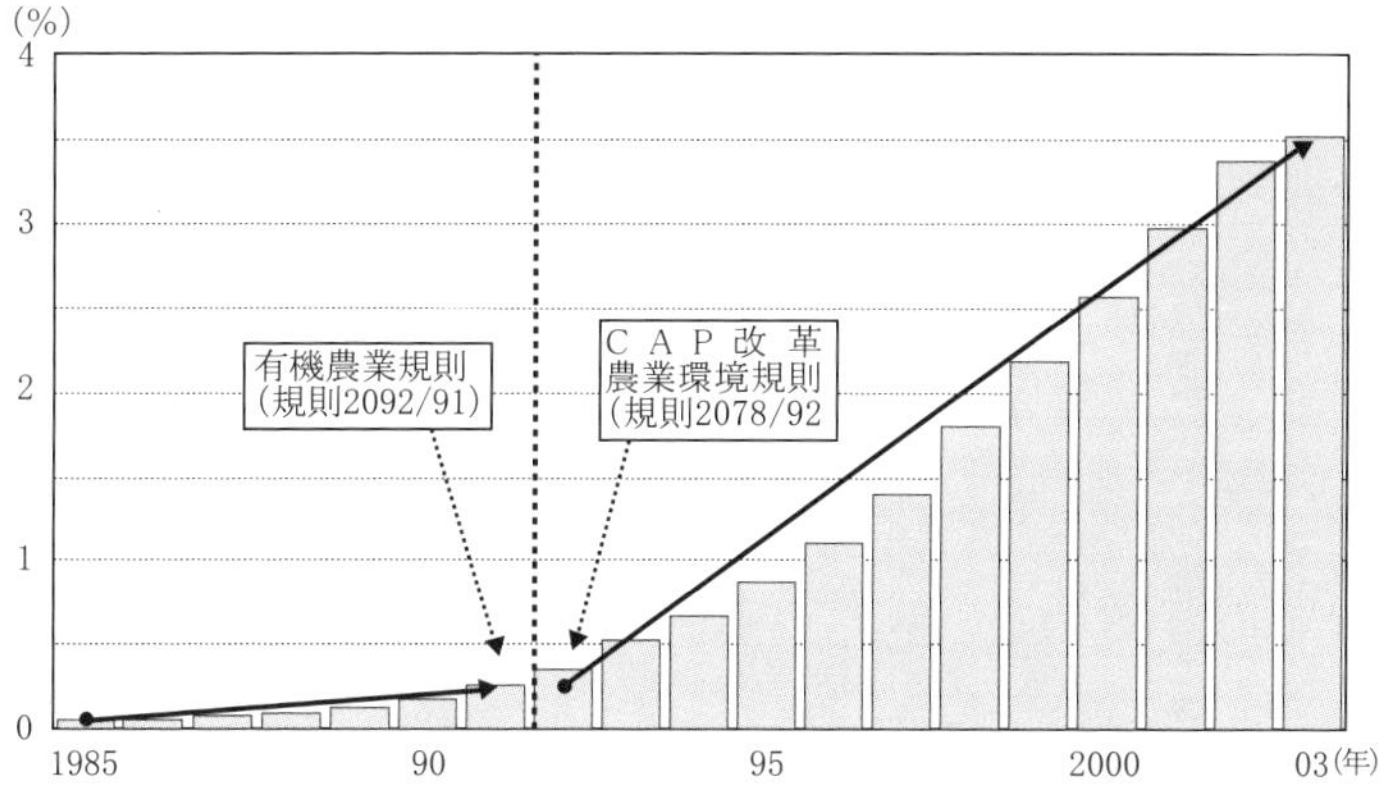

(出典) 足立恭一郎「有機農業推進政策導入の可否をめぐる経済学的考察」『有機農業研究年報 Vol.5 有機農業法のビジョンと可能性』コモンズ、2005年、58ページ。

ている。

　フォーラムでは要綱試案をもとにして、生産者・消費者・自治体など関係各層との幅広い意見交換が行われた。各地の生産者や消費者からは、推進法の成立を求める声が相次いだ。そして、当日に出されたコメントをふまえながら、有機農業政策研究小委員会は法案そのものの検討作業を行い、八月一八日に「有機農業推進法(試案)」をとりまとめた。

　一〇月一九日には有機農業推進議員連盟の総会が開催された。あわせて、第一一回勉強会として、有機農業推進法(試案)について足立氏と稲葉氏が講演する。足立氏はこの席で、EU諸国の有機農業の発展をグラフ(図1)で示し、次のように持論をわかりやすく展開した。

「一九八五年当時のEU諸国の有機農業の実

情は、いま(〇五年)の日本の事情と変わらず、総生産量の〇・五%に満たなかった。その後の急速な発展は、九一年の有機農業規則、翌年の環境直接支払いを含む農業環境規則によっている。この両法の成立がその後のオーガニックビッグバンにつながった。日本でもしかるべき法制度を導入すれば、有機農業の実施率は比較的短時日のうちにEU並みの水準に到達できる可能性がある」

有機農業の生産性が低いのではないかという指摘に対しては、農業現場から稲葉氏が反論した。

「国をあげて研究・支援してきた農薬・化学肥料を多投する慣行栽培と、民間の努力で知恵を蓄積して進めてきた有機農業による栽培を、同じ土俵で語るのはアンフェアである。国が有機農業の研究を行って技術の集積を図れば、解決の方向に向かうだろう」

そして、慣行栽培と同等か、それ以上の収穫が可能となった自らの有機米づくりについて語り、大きな関心を集めた。

3　「有機農業の推進に関する法律(案)」の提出とその評価

二〇〇五年一〇月二四日、有機農業推進議員連盟の立法作業部会に中島厚夫参議院法制

局第四部第二課長が招かれ、有機農業推進法（試案）を叩き台とした政策骨子案の作成が開始される。そして、一一月一四日に「有機農業推進法案政策骨子（案）」が提出された。

この政策骨子（案）は日本有機農業学会試案とは異なり、具体的な施策について記載のない基本法・理念法である。これに対して、日本有機農業学会・日本有機農業研究会・ＩＦＯＡＭジャパンは、それぞれ意見書を提出した。おもな意見は以下のとおりである。

①基本理念について

有機農業は消費者に優良で安全な農産物を供給するだけでなく、農業の本来のあり方を回復し、社会と自然の両面にわたる公共的利益にも資することをねらいとして地道に取り組まれてきた営みである。有機農業推進法はそうした取り組みを社会全体のなかに積極的に位置づけ、有機農業の発展と併せて社会と自然をよりよくしていくために制定されるものである。そうした位置づけを明確にするためにも、基本理念に関してはより踏み込んだ記述が必要だと思われる。

②基本的施策について

基本的施策は、日本における有機農業の現状をふまえた施策の現実性、および「農業生産全体を環境保全に貢献する営みに転換する」（新基本計画）という大きな戦略的課題達成のためにも、日本有機農業学会試案にあげられている次の一一の柱が必要だと思われる。生産・流通環境の整備、経営安定の確保、自然環境保全活動への支援、生物多様性実態調査の促進、農業者自身が行う技術開発への支援、生産者と消費者の交流・提携の促進、有機農産物の利用促進、消費者の意識啓発と有機農業教育の促進、技術開発の推進、化学肥料や農薬の使用削減、その他必要な事項。

③推進方策の検討組織について

有機農業施策についての検討委員会は、既存の審議会に委ねるのではなく、有機農業の専門家による独自の推進方策検討組織の設立が不可欠だと思われる。

これを受けて有機農業推進議員連盟は〇六年二月二二日、第二次骨子案となる「有機農業推進法（案）政策骨子（案）改訂版」を提出した。立法作業部会では各団体からの意見も汲み取り、基本理念も大幅に加筆された。有機農業推進委員会についての記述は盛り込まれなかったが、基本的な施策に、「有機農業者等の意見の反映」として、以下の一文が書き加えられた。

「国及び地方公共団体は、有機農業の推進に関する施策の策定に当たっては、有機農業者その他の関係者及び消費者に対する当該施策について意見を述べる機会の付与その他当該施策にこれらの者の意見を反映させるために必要な措置を講ずるものとする」

改訂版に対しても各団体から意見書が提出された。

さらに、四月一九日の有機農業推進議員連盟総会で、「有機農業の推進に関する法律（案）」が提示された。結局、有機農業推進委員会の設置は盛り込まれなかったが、「有機農業者等の意見の反映」として改訂版の文言が第一五条に据えられた。また、第三条の基本理念「農業の自然循環機能」に、「農業生産活動が自然界における生物を介する物質の循環に依存し、かつ、これを促進する機能をいう」という説明が加わっているのは、改訂版への意見に対する前向きな対応と理解できる。加えて、以下の点でこの原案を評価できる。

①有機農業の推進を国の責務として定め、そのための総合的施策を講じることを謳っている。

②有機農業の定義と基本理念を幅広い視点から明確にし、ＪＡＳ法の定義を相対化させている。

③有機農業生産の振興と流通販売の円滑化、活性化を謳っている。

④有機農業への消費者の理解が大切で、そのために有機農業者と消費者の連携と相互理解の促進が必要だと謳っている。

⑤有機農業の推進のためには有機農業者等の自主性が尊重されなければならないとしている。

⑥国や自治体が有機農業推進の総合施策を策定し、有機農業者や消費者の協力を得つつ

有機農業を推進することを定めている。

⑦国が有機農業推進に必要な法制上、財政上の措置を講じることを定めている。

⑧国が有機農業推進の基本方針を、都道府県は有機農業推進計画を定めることを義務づけている。

⑨国や地方自治体が有機農業者等を支援し、有機農業を普及していくための措置をとることを義務づけている。

⑩有機農業推進施策の策定に当たって、有機農業者等が意見を述べ、それが施策に反映される措置を講じることが定められている。

一方で、以下の問題点もある。

①基本法・理念法として国・行政が支援すべき具体的施策の内容が示されていない。

②対象を有機JAS取得農家だけに限定する可能性が残されている。

①については、有機農業生産者をはじめ、研究者、流通・販売者、消費者の幅広い意見を集約し、真に日本の有機農業発展に資する政策を提案し続けなければならない。私たちが支持してきた日本有機農業学会試案第一六条に記された一一の施策の束という提案をふまえて、さらにこれを具体化する作業が必要だろう。

②については、有機JAS認証取得農家は進取の精神で有機農業の社会化に取り組み、

コストを負担し、煩雑な書類作成・管理を行っているのだから、支援・助成の対象であることは、論を俟《ま》たない。しかし、有機ＪＡＳ認証を取得せずに、顔の見える関係を育みながら有機農産物を生産する生産者や、これから有機農業に取り組もうとする生産者の活動を支持することに、国内有機農業の発展がかかっていると言っても過言ではない。基準や審査など課題はさまざまにあるが、こうした生産者を取りこぼして何の有機農業推進法であろうか。

有機農業の推進に関する法律がどのような法文で国会に上程されるかは、まだ最終的には決まっていないようだ。四月一九日の有機農業推進議員連盟総会に諮られた原案によれば、国は法に示された有機農業の理念に基づいて有機農業推進の「基本方針」を制定し、都道府県は国の「基本方針」をふまえて有機農業の「推進計画」を策定することになっている。それゆえ、「基本方針」と「推進計画」に国と都道府県としての有機農業推進政策が盛り込まれることになる。したがって法律制定後には、ここに書き込むべき政策構築が作業課題となってくる。

しかし、問題は単なる政策内容の構築や整理ではないだろう。これまで有機農業はもっぱら民間の取り組みとして進められてきた。国が法律をつくったからといって、有機農業が民間主導の営みであることは変わらない。したがって、これからも当然、有機農業は民間主導で推進されることになる。ところが、その民間の有機農業陣営と国や自治体とのコミュニケーションがいまのところまったく未形成なのである。そのおもな理由は、これまで国などからのコミュニケーション拒絶的対応が続けられてきたことにあった。この状況をどう改善できるのか。個々の政策論に入る前に、この問題の解決が必要だろう。

有機農業陣営はこうした状況を認識し、全国有機農業団体協議会を設立し、国や自治体との前向きな対話を進めていく体制を整えつつある。それに国などがどのように対応していくかが、これからの注目点となるだろう。

日本の有機農業が運動としてスタートしてすでに三五年が経過している。その間、有機農業は一貫して在野の運動として存在してきた。しかし、いま有機農業の理念的正当性をしっかり位置づけた有機農業推進法が成立しようとしている。この立法を機として、民間の取り組みを国や自治体が支援し、国民的課題として有機農業推進が図られるという第二ステージへと移行していくであろう。「農を変えたい！全国運動」は、こうした有機農業に関するステージ移行のプロセスを前向きに進めるうえで、積極的な役割を果たしていかなくてはならないと、決意を新たにしている。

第7章

新しい農の時代へ

中島 紀一

1　時代が動く、時代が変わる

いま、農に関して時代は大きく動こうとしている。新しい時代の農の姿をどのように描くのか。元北海道副知事の麻田信二さんは本書第3章で、いま問われているのはこの点についての想像力であると述べた。

近代化農政は、担い手に関しては大規模経営だけにしぼりこみ、技術的にはバラ色に描かれた遺伝子組み換え技術へと突き進み、グローバル経済下での国際競争激化を歓迎さえするような姿勢を見せている。これからの国際競争下での日本農業の経営戦略としては、外国人労働者の積極的な導入が公然と提唱されるようになってきた。そこには、長い年月をかけて日本に定着してきた風土性をもった農業のあり方をほぼ完全に否定した産業型農業像が想定されている。まことに貧しい想像力としか言いようがない。

農業は、やはり農業なのではないか。農業は、自然と文化の伝統のなかで、いのち育む営みとして、もう一度自己確立していくべきではないか。人びとの健康の基には健全な食があり、健全な食の基には自然と共生した農業がある。文化の大本には自然があり、人びとと自然が共生していく営みとして農業がある。次の時代を担う子どもたちにこの国とこの地球を手渡していくには、まず人の営みの基礎にある農の営みを伝えていかなくてはならない。

そうした思いが、いま人びとの間に急速に広がりつつある。こうした視点に立って、これからの農業のあり方を展望したとき、地域の特質と人びとの個性に合わせた多様性ある農業の姿が見えてくる。われわれの想像力は、こうした方向に向けられるべきだろう。

二一世紀の初頭にあって、この二つの想像力はいま激しくぶつかり合っているが、その趨勢はすでに見えている。農業は、いくら自然から離れようとしても、結局のところ自然とともにあるより他はあり得ない。農業は農業らしい農業でしかあり得ないのである。いま人びとの間で、農はやはり農らしくあってほしいとの声が急速に広がりつつある。その意味で、農に関して時代が変わろうとしているのだ。

異端の営みとされてきた有機農業が、その異端性を守りつつ、優れた理念をもった農業の本来のあり方として、国の法律になろうとしている。有機農業の理念を謳った有機農業推進法の成立は、確実視されているのだ。こんなことを誰が予測しただろうか。事態は予測を超えて進展しつつあることが実感される。

2　「農を変えたい！全国運動」がめざすもの

第1章で紹介したように、新しい農の時代を拓こうとする「農を変えたい！全国運動」は、六つの提案を基本方針として掲げている。それらは、どれも当たり前の提案ばかりではある。だが、新しい時代を拓いていくには、こうした当たり前の提案をバラバラではなく一つの束として推進していくことが大切ではないだろうか。これらの提案が、各地でそれぞれ多彩な広がりをもちながら、相互に関連しあい、ひとつの流れとなったとき、時代は拓かれていくだろう。以下、こうした期待をこめて、この六項目について言及したい。

①ひとりひとりの食の国内自給を高めます

第1章では食料自給率について、国家レベルだけでなく、地域の場での地産地消、一人ひとりの暮らしの場での生活自給という、三層での複合的な取り組みが必要だと述べた。これを生活者の視点から言い直せば、「もったいない」「いただきます」の気持ちを大切にしながら、暮らしの場にある自然を活かした生活自給と地域での地産地消を盛んにしつつ、地産地消の全国連携としての国家的自給についても具体的な取り組みを進めようという提案である。農産物の全国的流通の場面でも、顔と暮らしの見える関係を大切にしていくことが求められている。

②未来を担う子どもたちによりよい自然を手渡すため、日本農業を大切にします

このまま放っておけば、日本農業は崩壊していくしかない。守る意志と取り組みがなければ、維持できない。持続性のある社会、循環型社会、自然共生型社会ということが言われているが、農業が衰退したところに持続性も循環性も自然との共生もあり得ない。子どもたちに次の時代を託そうとしても、農業が壊れてしまえば託すべき何ものもないという状況になってしまう。その意味で、ツルネン議員の言葉のとおり「有機農業は国の力、国の宝」と捉えていくべきだろう。

③農業全体を「有機農業」を核とした環境保全型農業」に転換するように取り組みます

これまで、「有機農業」と「慣行農業」という区分で語られることが多かった。農業全体を環境保全型に変えていく展望と有機農業推進を有機的に結びつけていく工夫が、これからの課題となっている。それぞれの地域で、地域の特質を活かしながら、「有機の里づくり」が多彩に構想され、さまざまなチャレンジが広がることが期待されている。

そのための核になるのが有機農業技術の確立だろう。これからの有機農業技術には、安全、高品質、安定生産などとともに、持続性、環境共生や地域的波及性という視点も大切になっていく。有機農業の実践を地域資源として位置付けていく視点も必要だろう。

④「食料自給・農業保全」が世界のルールになるよう取り組みます

第1章に述べたように、今日の日本農業の危機はグローバル経済がもたらした危機であり、日本農業の安定した未来のためには、世界経済のルールの組み立て直しが絶対不可欠の課題である。農業は、それぞれの国や地域の自然や文化の伝統に支えられて存在してきた。それは、それぞれの国や地域の社会を支え、特徴ある食文化を育んできた。世界経済のルールは、そうした農のあり方を尊重する形へと組み立て直していくべきなのだ。

WTOの横暴に抗議するシアトル(アメリカ)、カンクン(メキシコ)、香港での大規模なデモは、自立的で風土的な農とそれに支えられた食を大切にする世界の民衆の声を代弁するものだった。そうした人びととの交流を深めつつ、日本の農と食の現場から世界のルールについての提言をまとめあげていきたいと考えている。

⑤食文化を継承する「地産地消」の実践を進めます

食は単なる栄養素の摂取ではない。食は食べ方であり、それは地域に育まれた文化である。そのような食とつながることで、農業はもうひとつの文化を獲得することになる。地産地消は自給論の課題であるばかりでなく、文化論の課題でもあるのだ。

地域の商業についても同じことが言える。商業は、お金儲けだけの業ではない。食に関する商いは食と農のつなぎ目にあって、地域の風土と暮らしに根ざした文化の担い手となってきた。農にはいつも、耕すことと商うことがいっしょにあった。耕すことで農は自然と人間の関係性の文化を育て、商うことで農は人と人の関係性、すなわち社会の文化を紡いできた。老若男女、地産地消の担い手すべてが、地域の食文化の担い手になっていく。

⑥新たに農業に取り組む人たちのための条件整備を進めます

多くの人びとが新しい農業に取り組み、国民皆農論を実践していくためには、田畑の手当ても必要だし、家屋敷の準備も必要だ。もちろん、技術を学ぶ機会も身近にほしい。資金的な援助もほしい。農家が有機農業などにチャレンジしていくためにも、同じような仕組みがほしい。広がってしまった耕作放棄地は、まずはこうしたチャレンジの場として活かしていきたい。

もちろん、さまざまな失敗もあるだろう。しかし、それも歴史の一過程であり、人生の一シーンである。みんなのチャレンジがうまく進むように、経験交流の機会もたくさんほしい。農を学び、新しい農へのチャレンジを支える仕組みを創っていきたい。「農を変えたい！」の取り組みは、新しく農業に参加したいと思っている人たちこそがその先頭を歩むだろう。

あとがき

このままでは農が壊れる、有機農業も絞め殺されてしまうという切迫した危機感のなかで、「農を変えたい!三月全国集会」を経て、「農を変えたい!全国運動」は開始された。しかし、各地で取り組まれている実践を交流し、それぞれの思いを語り合ってみると、取り組みの心はすべからく未来志向なものだった。その様子の一端は、本書の各章に報告されている。事前の打ち合わせもないままに開催された手弁当の集会で、これだけの内容が語り合われたことに驚かされる。

危機感からスタートし、交流し、語り合うなかで、「農を変えたい!全国運動」は、自らが生活者として実践し、思いを伝え、明日への道を提案していく運動へと発展していった。六項目の提案が、さらに幅を広げ、相互に結びあいつつ、大きな社会的うねりとなっていく。そんな未来を描きつつ、二〇〇七年三月に予定されている次の全国集会の準備が始まっている。

有機農業推進議員連盟による議員立法の有機農業推進法の国会上程は、間近である。それに対応して、全国のさまざまな有機農業グループが共通のテーブルをもつ機運が高まり、八月には全国有機農業団体協議会が設立された。有機農業技術の確立をめざす全国ネットワーク(略称:有機農業技術会議)も動き出した。農業と環境にかかわる幅広いネットワークも結成されようとしている。各地域での「農を変えたい！地域フォーラム」の取り組みも進んでいる。すでに活動を拡げているさまざまな分野での運動と「農を変えたい！全国運動」との連携も、いっそう大胆に進めていきたい。

いま、農業は多面的な価値を生み出す営みとして、その役割や可能性を深め、拡げていくことが求められている。本書が全国各地でのそうした取り組みの前進に寄与できれば幸いである。

なお、本書は「農を変えたい！三月全国集会」の内容紹介を意図して編まれたが、集会のすべてを収録できたわけではない。当日は約三〇名の方々が壇上で熱い想いを語ったものの、本書にご寄稿いただけたのは一〇名にすぎない。紙幅の制限によるものであるとはいえ、すべての方々の発言を収められなかったのは、まことに残念である。

「農を変えたい！三月全国集会」を支えたのは、同実行委員会幹事の野田克己（事務局長）、赤城節子、稲葉光國、今井登志樹、下山久信、本田廣一、本野一郎の各氏である。

また、本書の編集には「農を変えたい！全国運動」事務局の吉野隆子さんに多大な協力をいただいた。そして、コモンズの大江正章さんには出版事情が厳しいなかで刊行をお引き受けいただき、編集にも全面的にご協力いただいた。記して感謝申し上げたい。

二〇〇六年九月

中島　紀一

の意見を反映させるために必要な措置を講ずるものとする。

附　則

（施行期日）

1　この法律は、公布の日から施行する。

（食料・農業・農村基本法の一部改正）

2　食料・農業・農村基本法（平成十一年法律第百六号）の一部を次のように改正する。

第四十条第三項中「及び食品循環資源の再生利用等の促進に関する法律（平成十二年法律第百十六号）」を「、食品循環資源の再生利用等の促進に関する法律（平成十二年法律第百十六号）及び有機農業の推進に関する法律（平成十八年法律第　　　号）」に改める。

理　由

有機農業の推進に関する施策を総合的に講じ、もって有機農業の発展を図るため、有機農業の推進に関し、基本理念を定め、並びに国及び地方公共団体の責務を明らかにするとともに、有機農業の推進に関する施策の基本となる事項を定める必要がある。これが、この法律案を提出する理由である。

2　都道府県は、推進計画を定め、又はこれを変更したときは、遅滞なく、これを公表しなければならない。

（有機農業者等の支援）

第８条　国及び地方公共団体は、有機農業者及び有機農業を行おうとする者の支援のために必要な施策を講ずるものとする。

（技術開発等の促進）

第９条　国及び地方公共団体は、有機農業に関する技術の研究開発及びその成果の普及を促進するため、研究施設の整備、研究開発の成果に関する情報の提供その他の必要な施策を講ずるものとする。

（消費者の理解と関心の増進）

第 10 条　国及び地方公共団体は、有機農業に関する知識の普及及び啓発のための広報活動その他の消費者の有機農業に対する理解と関心を深めるために必要な施策を講ずるものとする。

（有機農業者と消費者の相互理解の増進）

第 11 条　国及び地方公共団体は、有機農業者と消費者の相互理解の増進のため、有機農業者と消費者との交流の促進その他の必要な施策を講ずるものとする。

（調査の実施）

第 12 条　国及び地方公共団体は、有機農業の推進に関し必要な調査を実施するものとする。

（国及び地方公共団体以外の者が行う有機農業の推進のための活動の支援）

第 13 条　国及び地方公共団体は、国及び地方公共団体以外の者が行う有機農業の推進のための活動の支援のために必要な施策を講ずるものとする。

（国の地方公共団体に対する援助）

第 14 条　国は、地方公共団体が行う有機農業の推進に関する施策に関し、必要な指導、助言その他の援助をすることができる。

（有機農業者等の意見の反映）

第 15 条　国及び地方公共団体は、有機農業の推進に関する施策の策定に当たっては、有機農業者その他の関係者及び消費者に対する当該施策について意見を述べる機会の付与その他当該施策にこれらの者

の増進が重要であることにかんがみ、有機農業を行う農業者(以下「有機農業者」という。)その他の関係者と消費者との連携の促進を図りながら行われなければならない。

4　有機農業の推進は、農業者その他の関係者の自主性を尊重しつつ、行われなければならない。

(国及び地方公共団体の責務)

第4条　国及び地方公共団体は、前条に定める基本理念にのっとり、有機農業の推進に関する施策を総合的に策定し、及び実施する責務を有する。

2　国及び地方公共団体は、農業者その他の関係者及び消費者の協力を得つつ有機農業を推進するものとする。

(法制上の措置等)

第5条　政府は、有機農業の推進に関する施策を実施するため必要な法制上又は財政上の措置その他の措置を講じなければならない。

(基本方針)

第6条　農林水産大臣は、有機農業の推進に関する基本的な方針(以下「基本方針」という。)を定めるものとする。

2　基本方針においては、次の事項を定めるものとする。

一　有機農業の推進に関する基本的な事項

二　有機農業及び有機農産物の普及の目標その他の有機農業の推進の目標に関する事項

三　有機農業の推進に関する施策に関する事項

四　その他有機農業の推進に関し必要な事項

3　農林水産大臣は、基本方針を定め、又はこれを変更しようとするときは、関係行政機関の長に協議するとともに、食料・農業・農村政策審議会の意見を聴かなければならない。

4　農林水産大臣は、基本方針を定め、又はこれを変更したときは、遅滞なく、これを公表しなければならない。

(推進計画)

第7条　都道府県は、基本方針に即し、有機農業の推進に関する施策についての計画(次項において「推進計画」という。)を定めるものとする。

⑶有機農業推進議員連盟による有機農業の推進に関する法律案

（2006 年 4 月）

（目的）

第１条　この法律は、有機農業の推進に関し、基本理念を定め、並びに国及び地方公共団体の責務を明らかにするとともに、有機農業の推進に関する施策の基本となる事項を定めることにより、有機農業の推進に関する施策を総合的に講じ、もって有機農業の発展を図ることを目的とする。

（定義）

第２条　この法律において「有機農業」とは、化学的に合成された肥料及び農薬を使用しないこと並びに遺伝子組換え技術を利用しないことを基本として、農業生産に由来する環境への負荷をできる限り低減した農業生産の方法を用いて行われる農業をいう。

（基本理念）

第３条　有機農業の推進は、農業の持続的な発展及び環境と調和のとれた農業生産の確保が重要であり、有機農業が農業の自然循環機能（農業生産活動が自然界における生物を介在する物質の循環に依存し、かつ、これを促進する機能をいう。）を大きく増進し、かつ、農業生産に由来する環境への負荷を低減するものであることにかんがみ、農業者が容易にこれに従事することができるようにすることを旨として、行われなければならない。

2　有機農業の推進は、消費者の食料に対する需要が高度化し、かつ、多様化する中で、消費者の安全かつ良質な農産物に対する需要が増大していることを踏まえ、有機農業がこのような需要に対応した農産物の供給に資するものであることにかんがみ、農業者その他の関係者が積極的に有機農業により生産される農産物（以下「有機農産物」という。）の生産、流通又は販売に取り組むことができるようにするとともに、消費者が容易に有機農産物を入手できるようにすることを旨として、行われなければならない。

3　有機農業の推進は、消費者の有機農業及び有機農産物に対する理解

「農地・水・環境保全向上対策」におきましても、有機農業を含めまして、地域で相当程度のまとまりを持ってこれに取り組んでいる先進的な農業者、あるいは農業の集団につきまして、いろいろな支援をする準備を平成18年度から予定してございます。

第2点のご質問でございますけれども、まあ、支援法についてのご指摘でありますが、先ほど申し上げましたように、これについては国民的なご理解、ご支持というものがなお一層広がることが大事でございますけれども、すでに農林水産省としては非常に重要な位置づけを持っておりまして、いろいろな支援体制、法制度を整備しております。JAS法、あるいは持続農業法でございまして、これらをさらに一層充実させていくということでございまして、現時点におきましては、この支援法というものを、これから制定に向かって作業を進めていくということについては考えておりませんが、ご趣旨は十分、われわれも踏まえまして、さらに進めさせていただきたいと思っております。

いずれにしましても、生産サイドだけでなく、消費者、国民全体が、環境保全のために有機農業に対して一層のご理解を賜りますように、議員のお力も含めまして、ひとつご指導賜りますことを心からお願い申し上げます。

⑵「有機農業を国としても推進したい」
——中川農林水産大臣答弁

【2006年1月25日午前に行われた参議院本会議において、民主党代表質問に立ったツルネンマルテイ議員の質問のうち、有機農業の支援策に関する質問に対する中川昭一農林水産大臣の答弁】

ツルネンマルテイ議員にお答え申し上げます。

有機農業につきましては、言うまでもなく環境保全に大きな貢献をする農法でございますし、また、消費者のみなさんにとっても、この有機農法で作られた農産品についてのニーズは強いわけですが、ご存知のようにこの農法は手間がかかる、病害虫に弱い、結果的にコストが少しかかるといった問題がございまして、今ご質問にございましたように、まだまだ全農産物の中でのシェアが非常に低いわけでございます。

しかし、ご質問にもありましたし、私も思っておりますけれども、この考え方は多くの国民に支持されていると思っておりますので、農林水産省といたしましても、これを一層進めていきたいということで、いろいろな諸策を考えているところでございます。

たとえば、病害虫に強い新しい品種の改良、あるいはまたカルガモ農法などというのもございますし、フェロモン剤を利用した農法というのも、現在いろいろな形で技術的にいま研究、あるいは開発をしているところでございます。

それからまた、持続農業法に基づく土作り、あるいはまた、化学肥料、農薬を極力使わないような農業者に対する、いわゆるエコファーマーに対する金融・税制上の支援というものも、すでに実施しているところでございます。また、JAS法に基づきまして、この農産物は有機農法で作られましたということを認証しているわけでございますけれども、これにつきましても、一層支援・促進していきたいと考えております。

さらに、平成19年度から新たに導入することを予定しております

受けた「エコファーマー」に対する課税特例等が講じられている。また、2001 年、JAS 法に「有機農産物等の検査認証制度」が導入され、不適切な有機表示を排除している。さらに、先駆的な自治体において、様々な独自の支援策が講じられている。

しかしながら、有機農業をめぐる現状は厳しく、依然として取組が進展しているとは言い難い。2002 年度における有機農産物の生産は国内生産量の 1% に満たない水準にあり、また、2003 年における JAS 有機認証農家の販売農家に占める割合は 0.2%、エコファーマーも 1.7 %とごくわずかである。2003 年末には「農林水産環境政策の基本指針」が策定されたが、本年夏に示された「新たな食料・農業・農村基本計画」の中間論点整理における具体的な施策では、「農業者が最低限取り組むべき規範」を策定し、その実践を各種支援策の要件とすることや、環境保全への取組が特に強く要請される地域でのモデル的な取組に対して支援することにとどまっている。

我々は、人類の生命維持に不可欠な食料は、本来、自然の摂理に根ざし、健全な土と水、大気のもとで生産された安全なものでなければならないという認識に立ち、自然の物質循環を基本とする生産活動、特に有機農業を積極的に推進することが喫緊の課題と考える。

よって、ここに「有機農業推進議員連盟」を設立し、我が国の気候風土等に適した有機農業の確立とその発展に向け、有機農業実践者、消費者、行政、研究者等との連携のもと、我が国及び諸外国の有機農業の実態と問題点を調査研究し、法的な整備も含めた実効ある支援措置の実現を図ることとしたい。

以上の趣旨に御賛同を賜り、本議員連盟に多くの方々の御参加・御協力を賜れば幸甚である。

2004 年 11 月吉日

【資料３】 有機農業推進法をめぐって

⑴有機農業推進議員連盟設立趣意書

農業は、本来、自然界における物質の循環に依存し、かつ、これを促進する生産活動である。

しかるに、戦後の農業は、化学肥料と化学農薬に過度に頼るなど、環境に負荷を与え、土壌劣化や地下水・大気等の汚染、生態系の破壊など様々な問題が生じ、ひいては、農産物の安全や人の健康をも脅かされる結果となっている。2003年度の農林水産省調査によると、国民の8割が「農畜水産物の生産過程での安全性」が不安であるとし、生産者に望むことの5割が「安全・安心」、次いで2割が「有機栽培、無農薬・減農薬」となっている。

このような国民の食の安全・安心へのニーズに応え、我が国農業の持続的な発展を図るためには、化学合成物質を多投入する生産方式を改め、生産性等に留意しつつも環境負荷を軽減した生産方式(環境保全型農業)に転換することが重要であり、これは国の責務と考える。なかでも、有機農業は、有機性資源のリサイクルを重視し、化学肥料と化学農薬を使用しない生産方式であることから、最も環境保全に資するものと考えられ、この推進が肝要である。

諸外国においては、1980年代から、環境負荷を軽減した農業に取り組む生産者を支援する直接支払いや、有機農業に転換する際の減収に対する補償措置などが法的にも整備・強化されてきており、気候風土の違いもあるが、我が国に比べて有機農業の取組が進展している国もある。

我が国における有機農業の取組は、30余年前に草の根で始まり、人間も自然の一部であることを自覚し、「身土不二」を掲げる生産者と消費者との「顔の見える関係」のもと育まれてきた。国による環境保全型農業を推進する政策は1992年に始まり、1999年の「食料・農業・農村基本法」に農業の有する自然循環機能の維持増進の必要性が明記された。その具体策として、環境保全型農業の導入計画について認定を

み も見られるようになっています。「環境農業直接支払制度」に発展した滋賀県の「環境こだわり農業推進条例」、クリーン農業や有機農業の推進をうたった「北海道食の安全・安心条例」、遺伝子組み換え作物の栽培を厳しく規制する「北海道遺伝子組み換え作物の栽培等による交雑等の防止条例」など、優れた施策展開も始まっています。さらに、国政レベルでは04年11月に衆参両院議員多数の参加による超党派の「有機農業推進議員連盟」が発足し、「有機農業振興法」(仮称)の議員立法をめざした取り組みも始められています。

円卓会議を開催し、今なすべきことを整理しましょう！

このようなさまざまな運動の取り組みにふれ、3・26集会の参加者は大いに自信を持ち、日本農業再構築への運動づくりを模索するきっかけにできるのではないかとの展望を見出しました。

各地の胎動を共有し、どうすれば新しい時代を拓く大きな動きを創り出すことができるのか。農・食・環境・地域の諸分野で、新しい運動構築にチャレンジするために何が必要なのか。06年3月に全国集会を開催するにあたって、まずは、「いま私たちがなすべきことは何か」を整理することから始めようと考えました。

そのために、農業者・市民・研究者・自治体関係者など、志を同じくする人びとによる「円卓会議」の開催を呼びかけます。いまどう運動をすすめるか、どう運動のネットワークを形づくるのか、ご一緒に立案していきましょう。この円卓会議をスタートラインとして来年3月の全国集会実行委員会を発足させ、具体的な運動の準備を開始しましょう。

諸事ご多用のこととは存じますが、ぜひご参集いただき、忌憚のないご意見を出し合い、議論のなかから全国的な運動の方向性と具体的なあり方を明確にしていきたいと考えております。

2005年3月26日緊急集会実行委員会

中島紀一(茨城大学農学部)・下山久信(さんぶ野菜ネットワーク)

の貫徹」のみが声高に語られています。

有機農業にいたっては、「一部の小規模農家が取り組む特殊な付加価値農業」と矮小化され、「有機農業を軸に日本農業の展望を拓く」という方向性は、政策的には完全に否定されたといっても過言ではありません。

いまや、グローバリズムの下で、「日本農業の生き残りは、アジア諸国の富裕層をターゲットにした農産物輸出戦略にある」という一部の論調が、いつのまにか「21世紀新農政」「攻めの農政」などのタイトルで、国の農政の基本線に据えられてしまってさえいます。

しかし、元気な動きは各地でどんどん広がっています

しかし一方で、この集会では、「食の自給を高め環境を守り育てる日本農業を維持・発展させようとする取り組み」が、各地でさまざまに広がっていることを共有することができました。

地産地消の取り組みは全国各地に広がり、学校給食に地元の安全な農産物を取り入れる取り組みも多く見られるようになりました。

農薬や化学肥料の使用を削減し土づくりを重視していく環境に優しい農業も、ごく普通の取り組みとなりつつあります。有機農業への関心は大いに高まり、技術も次第に向上し実践農家も増えつつあります。

環境に配慮した農業を行っている田畑やその周辺では、絶滅危惧種をはじめとしてたくさんの生き物の賑わいが復活していることも各地で確認され、トキやコウノトリを甦らせる運動や、冬の間も田んぼに水をはって渡り鳥の住処を広げようとする農業者の取り組みなどがすすめられています。

地元の農産物を活用した農産加工品の開発も活発化しており、地産地消の発展が地域経済の生き残りの道だということも、次第に明らかになりつつあります。都市の若者たちの間にも農業への関心は高まっており、新規参入の就農希望者も増え、逆に「定年帰農」が魅力的な選択肢として意識されるようになっています。

農政の場面では、都道府県や市町村としての独自農政の模索が生まれつつあり、有機農業や環境にやさしい農業への直接支払いなどの試

⑷自給を高め、環境を守り育てる日本農業の再構築をめざす「新しい運動構築のための全国円卓会議」への呼びかけ

（2005年6月26日）

3月26日の全国集会は大いに盛り上がりました！

去る3月26日、東京で「3・26有機農業振興政策の確立を求める緊急全国集会」が開催されました。集会スローガンは「輸入偏重の有機JAS制度を見直し、国内有機農業の本格的振興を――自給を高め、環境を守り育てる日本農業の再構築をめざして」でした。

不十分な準備にもかかわらず、全国各地から熱意ある農業者・消費者約250名が駆けつけ、自分たちの実体験を熱く語り、「農と食と環境と地域を結ぶ力強い国民運動を創ろう」という想いのもと、農業者・消費者がともに語り合える場となりました。

そして、「06年3月に、改めて全国集会と言うにふさわしい大集会を開催しよう」「自給を高め、環境を守り育てる日本農業の再構築をめざす100万人署名に取り組もう」「有機農業推進議員連盟と提携し有機農業振興法（仮称）の制定を実現しよう」「各地方で地方集会を開催しよう」との提案が確認されました。

この集会の熱気のなかで、「たしかに時代を拓く本格的な全国運動の構築は求められており、まさに機運はすでに熟している」と参加者一同、強く感じました。

農業を取り巻く状況はますます厳しいです

集会参加者が共有した危機感は、3月末に終了した新「食料・農業・農村基本計画」をめぐる論点に集中的に噴出しています。すなわち、輸入農産物の激増による価格下落、異常天候などの天災の続発によって日本農業がいっそうの傷を負いつつあるのに、そのことへの危機感はほとんど語られてはいないということです。

また、新「基本計画」では、「自給率の向上」「農業の多面的機能の重視」「環境保全型農業の推進」など、「基本法」に盛り込まれた新しい政策理念はほとんど顧みられず、「競争原理・市場原理・生産性原理

認証コストの削減といった現実的な要求の解決に向かいつつ、生産意欲の湧くような市場を創出し、より多くの農業者、そして農業後継者が、有機農業に向かいたいと感じるステージを作り出すことが求められています。

そこでは単に経済行為としての有機農業ではなく、有機農業という生き方が試されています。

村にあって、街にあって、有機農業を生きることが、この国の本質的な変革となることを信じて、その実践をここに参加された方々に要請し、また大会実行委員も自らに誓い、大会宣言と致します。

⑶有機農業振興政策の確立を求める緊急全国集会大会宣言

（2005 年 3 月 26 日）

JAS 制度が施行されて 5 年が経ちます。有機農業の基準が定まり、有機食品の社会的共通認識が出来たことを評価する一方、輸入有機食品の大量の流入に、有機農業の本来の理念である身土不二、自給自立とかけ離れていく現実を憂い、このままでは日本の有機農業が押しつぶされるのではないか、という危惧も高まっています。

5 年目の制度見直しの年に当り、こうした現状を直視し、事態の根本的改善を求めて、九州から、北海道から、生産者を始め有機農業関連の人々が集いました。

その議論のなかから、問題は有機 JAS 制度にとどまらず、国内自給の向上と、環境を守り育てる農業の再構築にまで話は及び、この大会となりました。

大会に向けて準備する時間も限られ、課題は多岐にわたります。

しかし、問題の解決に向かう糸口は、有機農業の現場にあります。そこで、全国の有機 JAS 認定農家にアンケートを依頼し、その実態と意識について貴重なご意見を頂きました。

また、本日の集会のなかにも、農業を再構築し、この国の進む道を照らすヒントをあちこちに見出すことが出来たと思います。

今後、この集会を受け、現場の声を起点として、有機農業を核とした国内自給向上、環境を守り育てる農業の再構築に向けて、より多くの国民が結集する運動へと押し上げて行きたいと思います。

幸い、本日講演頂いたツルネンマルテイ議員のご尽力で、2004 年 11 月に有機農業推進議員連盟が設立され、06 年 1 月通常国会に「有機農業促進法(仮称)」も提案される予定があります。これまで表示のための制度であった有機 JAS 制度も、有機農業を促進しようという法律と対になって、見直しも含め健康な運用が期待されます。

期待するだけでなく、この法律の作成に向けて、この大会の実行委員会を引き継ぐ組織は深く関わっていきたいと思います。

まずは有機 JAS 制度に関わる、生産者の各種書類作成を簡素化し、

高齢化は着実に進行し、日本の農業と農村はいま音を立てて崩れつつあります。冒頭に示した有機JAS制度の現実と食料自給率の下落、農業・農村の崩壊は、同じグローバリズム政策推進の結果だと考えられます。そしていま「農政改革」「攻めの農政」の名の下に、こうした誤った政策路線はいっそう過激に推進されようとしているのです。

このような現実を私たちは見過ごすことはできません。今こそ、有機農業の本格的な振興と自給と環境を大切にする日本農業の再構築の声をあげるべき時ではないでしょうか。食と農と環境の政策は、国に任せたままで充実することは望めません。有機農業振興法の制定など、自給と環境を大切にする本格的な農業政策実現への国民の声を結集し、国政の流れを変えさせていかなければなりません。自給を高め環境を大切にしていく農業を守り発展させていく取り組みを地域の現場から推進していく力を、私たち自身が獲得し構築していくことが強く求められているのだと思います。

食と農と環境を大切にしていく草の根の取り組みは、いまこそ結び合い連携を広げ、新しい大きな国民運動を作り上げることを目指すべきではないでしょうか。望ましい政策の構築やそれを進めるための草の根の体制づくりなど、ご相談し、話し合っていかなくてはならない課題はたくさんあります。そのためにもまず「輸入偏重の有機JAS制度を見直し、国内有機農業の本格的振興を――自給を高め、環境を守り育てる日本農業の再構築をめざして」をテーマに掲げた緊急全国集会を3月26日に開催し、国民運動構築の取り組みをスタートさせたいと考えました。取り組み準備は不十分ではありますが、みなさんのご賛同とご参加を心から呼びかけたいと思います。

主催：3・26有機農業振興政策の確立を求める全国集会実行委員会
提案者代表／中島紀一（茨城大学農学部）
実行委員会責任者／稲葉光國（民間稲作研究所）

の精神を国全体に拡げていくのではなく、農産物輸入を促進する役割を果たしてしまっているという現実は、とてもおかしなことです。

関係者の善意の尽力にもかかわらず、なぜこのような事態になってしまったのでしょうか。それは国に有機農業振興の基本姿勢がなく、国内の有機農業に関しては消費者保護の名の下に規制強化だけを追求し、輸入有機農産物に関してはグローバリズム推進の立場で対応してきたからに他なりません。改訂が準備されている「食料・農業・農村基本計画」において、有機農業については「規模拡大等が困難な場合には、有機農産物の生産等高付加価値型の農業生産の展開や…」という記述があるにすぎないのです。

JAS 法改正と同じ時に制定された食料・農業・農村基本法では、国家目標として自給率向上が謳われ、環境保全型農業の推進、農業の多面的機能重視、消費者と生産者の相互理解の促進などが位置付けられました。この新基本法によって日本農業は環境重視に転換し、国民の支持の下に新しい発展を遂げていくのではないかと、多くの国民は期待を寄せました。国の側も、自給率向上計画を作り、WTO＝グローバル路線に対しても、各国の農業保全の大切さ、食料や環境に対する各国固有の主権の尊重などの主張を盛り込んだ「WTO への日本提案」などもまとめられました。

しかし、こうした変化もつかの間のことで、数年前から農政はグローバリズム＝農産物輸入増大の容認、規模拡大＝近代化農政の推進の姿勢を鮮明にするようになりました。04 年 11 月には「みどりのアジア EPA 推進戦略」を発表し、農政としてアジアグローバリズムを積極的に推進するという驚くべき政策を打ち出しています。食の安全性対策については、自然の摂理に反した生産や加工流通のあり方を是正するのではなく、効率性ばかりを追求し、生産者と消費者を対立させ、国が農民への監視、監督を強めるという方向に組み立てられてしまっています。農業環境政策についても、実行の裏付けのない政策文書とコマーシャルコピーが氾濫するだけで、実質的な展開はほとんど認められません。

このような中で、農産物価格は下落し、生産者の生産意欲は減退し、

⑵有機農業振興政策の確立を求める緊急全国集会開催趣旨

（2005年3月26日）

輸入偏重の有機JAS制度を見直し、国内有機農業の本格的振興を
――自給を高め、環境を守り育てる日本農業の再構築をめざして――

国産有機　4万6504トン／輸入有機　29万7923トン
合計34万4427トン
国産比率　13.5％／輸入比率　86.5％
（2003年度、農水省発表）

2000年にスタートしたJAS法による有機農産物認証制度は5年の第一期を終え、いま制度の見直し点検の時期に来ています。上の数字は第一期有機JAS制度が何であったかを端的に示しています。

有機農業を加工食品中心の表示規制法であるJAS法で取り扱うことは問題であり、国は有機農業の振興施策を整備するとともに、有機農業の特性に応じた内容の特別な法律を制定すべきだ、というのが有機JAS制度発足以前の有機農業陣営の一致した意見でした。しかし、JAS法改定により有機JAS制度の導入が強行されてしまいました。有機農業陣営としては、これにより、有機農家が同制度にとまどい、同制度から疎外され、より厳しい状況に置かれることを憂慮し、その悪影響を少しでも緩和する必要性から、やむなく有機JAS制度に参加せざるを得ないと判断しました。各地で有機農業陣営の登録認定機関が立ち上がることになり、制度発足時の運営体制確立に多大な貢献をしました。有機JAS制度がある程度の成果をあげることができたのは、有機農業陣営のこうした視点からの参加と尽力によるところが大きかったことは明らかです。

しかし、にもかかわらず有機JAS制度第一期の結論は上記の数字なのです。有機農業の基本理念は身土不二、自給自立であるのに、有機JAS制度5年の現実は農産物輸入促進制度のようになっている。これは深刻な事態です。有機農業に関する国の制度が、有機農業と身土不二

農を変えたい！ 3月全国集会の運動は、日本農業解体の危機に抗して、農業切り捨ての農政に反対し、有機農業の可能性を引き出そうとする有機農業法制化等の新しい農業形成へのさまざまな取り組みとも連携しながら進められてきました。

2005年3月26日　有機農業振興政策の確立を求める緊急全国集会（総評会館）
2005年6月26日　自給を高め、環境を守り育てる日本農業の再構築をめざす「6・26新しい運動構築のための全国円卓会議」（台東区生涯学習センター）
2005年7月19日　北海道有機農業フォーラム（北海道大学農学部講堂）
2005年8月20日　全国集会実行委員会（国民生活センター）
2005年11月27日　農こそエコロジー－グローバルがなんだ！発揮しよう地域の‘農力’－（神戸市立動物園ホール）
2006年1月28日　自給を高め環境を守り育てる日本農業の再構築をめざす東北集会（山形大学）
2006年3月25・26日　農を変えたい！ 3月全国集会（日本青年館）

全国円卓会議の合意を踏まえて、8月20日には運動構築のための全国実行委員会が開催され、それぞれの地域での地域フォーラムの開催と、3·25全国集会の開催の方針が確認されました。

地方集会としては、05年7月に有機農業学会と共催した北海道有機農業フォーラムが札幌で、11月に「農こそエコロジー」と題した関西集会が神戸で、06年1月には東北集会が山形で、開催されました。いずれも地域に実行委員会が組織され、これまで十分な交流がされてこなかった地域における諸活動の交流と連帯の場として大きな盛り上がりが得られ、3月全国集会への結集と、各地域での交流、連携活動の継続的な取り組みが確認されています。

農政面では厳しいWTO交渉を背景とした04年度の農政改革論議を踏まえて、04年11月には「みどりのアジアEPA推進戦略」が発表され、05年1月には小泉内閣の農業輸出産業化をメインとした「攻めの農政」が打ち出され、3月に新食料・農業・農村基本計画が策定され、さらに11月には担い手絞り込みをうたった「経営所得安定対策等大綱」「農地・水・環境保全向上対策」などが発表されています。

その一方で、04年11月には国会に超党派の「有機農業推進議員連盟」(会長：谷津義男議員、事務局長ツルネンマルテイ議員)が設立され、議員立法による「有機農業推進法」の制定に向けた取り組みが始まっています。有機議連の呼びかけに呼応し、05年7月には、日本有機農業学会主催の有機農業政策フォーラムが開催され、学会としての有機農業推進法試案が提案されました。さらに06年1月の通常国会では参議院のツルネンマルティ議員の代表質問に答えて中川農水大臣は「有機農業は多くの国民に支持されている取り組みであり、農水省としてもこれをいっそう進めていきたい」と答弁するに至っています。

有機農業推進法制定に関するこうした一連の動きは、有機農業を有機農産物生産システムとしてだけ位置付け、それを厳しく規格管理していくJAS法が存在するだけという有機農業に関する不十分な法的制度の現状を是正し、有機農業の豊かな発展と、有機農業のもつ自然や社会に対する多面的機能を十分に発揮させる方向での法制度の整備をめざすものです。

【資料2】 農を変えたい！ 3月全国集会に至る経過

⑴農を変えたい！3月全国集会経過報告

「農を変えたい！ 3月全国集会」への取り組みは、2005年3月26日に東京で開催された「有機農業振興政策の確立を求める緊急全国集会」に端を発しました。同集会は「輸入偏重の有機JAS制度を見直し、国内有機農業の本格的振興を」をメインタイトル、「自給を高め、環境を守り育てる日本農業の再構築をめざして」をサブタイトルとして、開催されたもので、緊急の呼びかけにもかかわらず全国から約300名の参加者を得て、熱気あふれる集会となりました。

そこでは、JAS法の動向、農政改革の動向など再編されつつある農政の枠組みへの強い批判、有機農業推進法制定への機運、各地域での自給、環境と農を大切にする取り組みの拡がりなどの紹介がされ、有機農業の振興と日本農業の再構築の二つの課題を結びつけて地域の取り組みが全国的に結びあって進められていく全国運動を創っていくことの必要性が強く認識されました。

それを受けて、6月26日には「6·26新しい運動構築のための全国円卓会議」が開催され、これからの農と食の運動構築のあり方についての率直な論議がなされ、そこで6項目の基本方針が確認されました。この6項目の基本方針については、その趣旨をよりわかりやすくするために少しの語句を修正し、3月集会の基本方針となっています。

◇ひとりひとりの食の国内自給を高めます
◇日本農業を大切にし、未来を担う子どもたちによりよい自然を手渡します
◇農業全体を有機農業を核とした環境保全型農業に転換するように取り組みます
◇農産物輸入増大に反対し、食料自給・農業保全が世界のルールになるよう取り組みます
◇地域の農業と結び、食文化を継承する地産地消の実践を進めます
◇新たに農業に取り組む人たちのための条件整備を進めます

社大阪愛農会　大阪愛農食品センター　大阪府有機農業研究会　オレンジコープ　関西よつ葉連絡会　くずは野菜大好き　グループゆうきらいふ　くるりん　劇団「なんじゃ・もんじゃ」　コープ自然派事業連合　サムシング・コミュニケ　G・なずな　自然の里 808　しゃらん・ど・らーは　消費者の会サン大淀　生協エスコープ大阪　そばよしの会　焚き火の会　辰巳　NPO 法人日本ベジタリアン協会　バリダンスクラブ　ビオ・マーケット　べじたぶる・はーつ　ポッポ　ポラン広場関西　ポラン広場有機農業協会　株式会社向井珍味堂　麦わらぼうしの会　株式会社米島　Little Beans あずき■兵庫／有限会社あおゆず　市川食と暮らしを考える会　NPO 法人いちじま丹波太郎　市島町有機農業研究会　オーガニックプラットフォーム風雲　オレゴンジャパン株式会社　角村祐子　こうべ消費者クラブ　神戸フランス料理研究会　有限会社サンファームヤマサキ　株式会社 CDC インターナショナル　自給をすすめる百姓たち　自然養鶏会関西ブロック　篠田芳子　食生活を考える会　NPO 法人食と農の研究所　食品公害を追放し安全な食べ物を求める会　杉原産業株式会社　生活協同組合都市生活　生活協同組合兵庫いきいきコープ　全日本司厨士協会関西地方兵庫県部　大和肥料株式会社　丹南有機農業実践会　土と緑の会　ナダバンダイニングコウベシティ　パンの小屋　財団法人 PHD 協会　姫路ゆうき野菜の会　NPO 法人兵庫県有機農業研究会　ひょうご在来種保存会　兵庫丹但酪農農業協同組合　JA 兵庫六甲　有限会社藤寛　有限会社マルニ竹内商店　有機農業による生産物をひろめる会　有機野菜つどいの会　良いたべものを育てる会■奈良／あいのう奈良　王隠堂農園　株式会社坂利製麺所　財団法人慈光会　辻野隆夫　奈良よつば牛乳を飲む会■和歌山／川端グループ　下津びわグループ　ふるさと自然の森ネットワーク　湯川喜代美　NPO 法人和歌山有機認証協会　和歌山有機農業者会議■鳥取／海産物のきむらや　日本食品工業株式会社■島根／木次乳業有限会社　農業生産法人　桜江町桑茶生産組合　有限会社本田商店　まいにち生活協同組合　有限会社やさか共同農場　有限会社渡邊水産　■岡山／石窯パンてけてく　オーガニックレストラングレイス　きよね有機の郷■広島／株式会社オキ　東城愛農有機野菜の里　広島県有機農業研究会■山口／株式会社秋川牧園　山口県有機農産物認証協会■徳島／きとうむら　光食品株式会社■香川／植村隆昭　■愛媛／愛媛県有機農業研究会　愛媛有機農産生活協同組合　西瀬戸有機栽培グループ　伯方の塩　無茶々園　■高知／栗峰園四万十　NPO 法人黒潮蘇生交流会　高生連　高知県有機農業研究会　四万十川有機農業研究会　四万十川有機農業者ネットワーク　大地と自然の恵み　株式会社無手無冠　有機のがっこう土佐自然塾■福岡／安部司　有限会社いりえ茶園　環境稲作研究会　株式会社九州産直クラブ　中村肇　NPO 法人日本自然農業協会　農と自然の研究所　■佐賀／相島幸正　貞富慶也■長崎／ながさき南部生産組合　長崎有機農業研究会　はちまき自然農法生産グループ■熊本／有限会社あそ有機農園　NPO 法人オーガニックコンシェルジュ協会　有限会社草枕グループ　津奈木甘夏生産者の会　株式会社ティア　肥薩自然農業グループ　ブレス　株式会社水の子　大和秀輔■大分／NPO 法人こころの大地　高瀬農園■宮崎／有機生活綾■鹿児島／奄美島おこし生産グループ　かごしま有機生産組合　鹿児島県有機農業協会　有限会社鹿北製油■沖縄／株式会社青い海　宮古島有機研究会

チュラルフーズ協会　日本消費者連盟　日本セントラルキッチン　日本ネグロス・キャンペーン委員会　日本有機農業研究会　農業と動物福祉の研究会　農文協　株式会社パノコトレーディング　パルシステム生活協同組合連合会　パルシステム生産者・消費者協議会　反農薬東京グループ　有限会社富士見堂　ポランオーガニックフーズデリバリ　ポラン広場東京　本コミ企画　株式会社ほんの木　株式会社マゴメ　株式会社マルタ　株式会社山一　夢市場　株式会社ヨシコシ食品　Radixの会　らでぃっしゅぼーや株式会社■神奈川／アマナクラ　エコテック　共生食品株式会社　久保田裕子　株式会社湘南ぴゅあ　食政策センター・ビジョン21　株式会社生物資源研究所　有限会社中津ミート　ナチュラルコープ・ヨコハマ　ネオファーム　農と食の環境フォーラム　株式会社バイオコスモ　県民生協やまゆり■山梨／オーガニック・ガーデン・ジャムズ　澤登芳　杉村芳盛　やまなし有機農業市民の会■長野／アップルファームさみず　株式会社井筒ワイン　株式会社ジャパンバイオファーム　長野県有機生産者連合　長野県有機農業研究会　日本有機協会　農事組合法人増野　企業組合まっち絵具製造　株式会社松本微生物研究所■新潟／NPO法人赤とんぼ　株式会社内山勇吉商店　オブネット　加茂有機米生産組合　ささかみ農業協同組合　有限会社さとうファーム　佐渡トキの田んぼを守る会　紫雲寺土の会　食農ネットささかみ　株式会社ゆうき■富山／小原営農センター　富山れんげの会■石川／金沢農業　手取清流生産者グループ■福井／JASファーム大野■静岡／株式会社イーエム研究所　有限会社エス・ケイ・ジェイ　NPO法人MOA自然農法文化事業団　有限会社かもめ屋　かわいいのうえん　財団法人自然農法国際開発センター　株式会社ジャパンマシニスト社　聚楽園　株式会社瑞雲　水車むら農園　すけむねレタス　丹那牛乳　株式会社中山商店　日本農産株式会社　株式会社フルーツバスケット　松永剛行　ヨシムラ■愛知／愛農流通センター　岩瀬義人　有限会社オーガニック・デリカ・ハナイ　太田農園　農事組合法人光輪　株式会社黒怒　旬楽膳　消費者行動ネットワーク　中部リサイクル運動市民の会　津田敏雄　天恵グループ　名古屋生活クラブ　なのはな畑　日東醸造株式会社　にんじんCLUB　ヘルシーメイト　ポカラ　ポラン広場名古屋　わっぱ知多共働事業所■岐阜／ゴーバル　NPO法人中津川市民エコネット　株式会社フラワーハネー　流域自給をつくる大豆畑トラスト■三重／大原興太郎　NPO法人自然南ゆうきクラブ　社団法人全国愛農会　土の音市場　ななほし会　NPO法人ひまわりの森■滋賀／滋賀県環境生活協同組合　NPO法人秀明インターナショナル　秀明京都消費者の会　秀明自然農法ネットワーク　秀明ナチュラルファーム　秀明文化事業財団　谷井しいたけ園　ブルーベリーフィールズ紀伊國屋　丸中醤油株式会社　MIHO MUSEUM　MIHO MUSEUM友の会　山田牧場■京都／あらいぶきっちん　安全農産供給センター　宇治田原有機栽培研究会　京都北区消費者の会　京都消費者キャベツクラブ　クレス生活科学部　株式会社玉屋珈琲店　使い捨て時代を考える会　長岡京市消費者の会　西村和雄(京都大学)　野崎春枝　限会社真南風　ビッグファーマー野田川　美術教育をサポートする会　福島雪枝■大阪／I•YO株式会社　有限会社アクティブ　安全な食べ物ネットワークオルター　医・食・農共生広場ネットワーク　いっしょにつくる会「創・考」　茨豆　event space『雲州堂』dining『IOR?I』　映画制作委員会　SGモールド　オーガニックキッチン　オーガニックキッチン・ソレイユ　株式会

道農民管弦楽団　北海道有機認証協会　北海道有機農業協同組合　北海道有機農業研究会　社団法人北海道冷凍食品協会　ポラン広場北海道　らる畑　渡部信一■青森／東宝自然食品株式会社　有限会社ナチュラル農究■岩手／有限会社イーハトーヴ農場　一ノ宮嘉道　株式会社岩泉産業開発　岩手コンポスト株式会社　いわて生活協同組合　重茂漁業協同組合　有限会社総合農舎　総合農舎山形村　大東有機農産物等生産組合　株式会社中洞牧場　府金製粉株式会社■宮城／株式会社遠藤蒲鉾店　仙台黒豚会　株式会社大郷グリーンファーマーズ　株式会社間宮商店　有限会社マミヤプラン　JA みやぎ仙南　ものうファミリー■秋田／JA 秋田しんせい(仁賀保)　大潟米自然栽培研究会　おものがわ農業協同組合　谷口吉光(秋田県立大学)　提携米・黒瀬農舎　花咲農園　山本開拓農場　■山形／おきたま興農舎　おきたま自然農業研究会　奥山博　月山パイロットファーム　有限会社コープスター会　庄内協同ファーム　天童果実同志会　ファーマーズクラブ赤とんぼ　株式会社フゥ未来生活研究所　みずほ有機生産グループ　山形おきたま産直センター　遊農くらぶ　米沢郷牧場　■福島／稲田稲作研究会　ジェイラップ　株式会社ジャパンバイオシステムズ　有限会社仁井田本家　株式会社芳賀沼製作　羽山園芸組合　大和川酒造店　有限会社やまろく商店　渡部よしの■茨城／飯塚農場　石井商運株式会社　茨城アイガモ水田トラスト　小野寺孝一　北浦軍鶏農場　市民の大豆食品勉強会　つくば中根グループ　常陸国菜の花ネットワーク　柳生信義　JA やさと■群馬／甘楽町有機農業研究会　くらぶち草の会　タカハシ乳業　有限会社ホウトク　やさい耕房伊勢崎　■栃木／アーベストフーズ株式会社　アジア学院　黒羽米生産フォーラム　民間稲作研究所■埼玉／IFOAM ジャパン　岡村グループ　黒沢賢一グループ　埼玉産直センター　柴田グループ　清水信義　株式会社全通　大豆工房みや　高橋ソース株式会社　深田友章　藤川春雄　POFA 関東　ポラン広場関東　ポラン広場全国事務局　三和産業株式会社　武蔵地鶏会　ヤマキ醸造株式会社　株式会社山田洋治商店　弓削多醤油株式会社　吉澤重造■千葉／あびこ型「地産地消」推進協議会　今井製油株式会社　有限会社エコロジーホームサービス　小川隆良　NPO 法人関東 EM 普及協会　元気クラブ　さんぶ野菜ネットワーク　三里塚酵素の会　三里塚産直の会　三里塚農法の会　生活クラブ生協千葉　全国産直産地リーダー協議会　ちば醤油　ネットワーク農縁　林重孝　古川正樹■東京／株式会社アクアファーム　あけぼの食品販売株式会社　アトピッ子地球の子ネットワーク　アファス認証センター　NPO 法人 1 Hz(ヘルツ)の会　遺伝子組み換え食品いらない！キャンペーン　株式会社ウメケン東京事務所　株式会社エコデザイン認証センター　NPO 法人オーガニックライフ　オルター・トレードジャパン　垣田達哉　グリーンコンシューマー研究会　健康情報研究センター　コモンズ　小山製菓　澤登早苗　株式会社サンフレックス永谷園　自然食通信社　食品照射ネットワーク　生活クラブ事業連合生活協同組合連合会　生活クラブ青果の会　生活クラブ農産物提携産地連絡協議会　株式会社精華堂霰総本舗　株式会社ゼンケン　全国学校給食を考える会　全国農業協同組合中央会　全日本農民組合連合会　全農 SR 推進事務局　株式会社創薬研究所　大地を守る会　田んぼの生き物調査事務局　蔦谷栄一(農林中金総合研究所)　提携米ネットワーク　土居洋平　東都生協　有限会社ナチュランド本舗　なわぽーと　日本 SEQ 推進機構　日本オーガニックアンドナ

(4)農を変えたい！3月全国集会の呼びかけ人・実行委員・賛同団体・賛同者

呼びかけ人（五十音順）
池野雅道（愛農流通センター）・稲葉光國（民間稲作研究所）・宇根豊（農と自然の研究所）・黄倉良二（JA きたそらち）・尾崎零（大阪府有機農業研究会）・片山元治（無茶々園）・下山久信（さんぶ野菜ネットワーク）・中島紀一（茨城大学）・平田啓一（山形おきたま産直センター）

実行委員（2006年8月31日現在52人）※同一県内は五十音順
■北海道／石塚修（北海道有機農業研究会）・黄倉良二（JA きたそらち）・酒井徹・瀬川守（当麻グリーンライフ）・本田廣一（興農ファーム）■秋田／谷口吉光（秋田県立大学）・戸澤藤彦（花咲農園）■山形／小関恭弘（おきたま自然農業研究会）・平田啓一（山形おきたま産直センター）■茨城／磯山茂男（要農場）・中島紀一（茨城大学）■栃木／稲葉光國（NPO 法人民間稲作研究所）・舘野廣幸（日本有機農業研究会）■埼玉／今井登志樹（ポラン広場全国事務局）■千葉／下山久信（さんぶ野菜ネットワーク）■東京／神足義博（ポランオーガニックフーズデリバリ）・近藤康男・辻万千子（反農薬東京グループ）・野田克己（大地を守る会）・原耕造（JA 全農 SR 推進事務局・田んぼの生き物調査プロジェクト）・牧下圭貴（提携米ネットワーク）・三好智子（IFOAM ジャパン）・山浦康明（日本消費者連盟）■神奈川／相原成行（日本有機農業研究会）■静岡／今井悟（財団法人自然農法国際開発センター）■愛知／池野雅道（愛農流通センター）吉野隆子■岐阜／西尾勝治（流域自給をつくる大豆畑トラスト）■三重／岡野正義（全国愛農会）■滋賀／藤川憲行（秀明自然農法ネットワーク）■京都／鏡島正信（JA 京都健保）■大阪／尾崎零（大阪府有機農業研究会）・小林重仁（ポラン広場有機農業協会）・中川健二（関西よつ葉連絡会）・槙本清武（大阪愛農食品センター）■兵庫／赤城節子（NPO 法人兵庫県有機農業研究会）・井上陽平（オーガニックプラットフォーム風雲）・牛尾武博（NPO 法人兵庫県有機農業研究会）・谷口葉子（オーガニックプラットフォーム風雲）・橋本慎司（自給をすすめる百姓たち）・前川智佳子（生活協同組合都市生活）・本野一郎（JA 兵庫六甲）■奈良／王隠堂誠海（王隠堂農園）■和歌山／丸山良章（自給をすすめる百姓たち）■島根／渡邊一（出雲すこやか会）■愛媛／片山元治（無茶々園）・安井孝（愛媛県有機農業研究会）■福岡／宇根豊（農と自然の研究所）■長崎／近藤正明（長崎有機農業研究会）■大分／清田恭子（こころの大地）■熊本／元岡健二（株式会社ティア）■鹿児島／大和田明江（鹿児島県有機農業協会）

賛同団体・賛同者（2006年8月31日現在463人）※同一県内は五十音順
■北海道／黄倉良二　ガラガーエイジー　JA きたそらち　ぐりんぴーす　興農ファーム　駒谷農場　札幌中一　山歩集団青い山脈　しっでぃぐりーんネットワーク　下川ふるさと興業協同組合　食の自給ネットワーク　有限会社知床ジャニー　新篠津 EM 研究会　新篠津 EM 大豆生産組合　有限会社谷口農場　ちにたふぁーむ　当麻グリーンライフ　どらごんふらい　有限会社ドリーム大地　どんぐり屋　医療法人社団西さっぽろ皮フ科・アレルギー科　ハブ札幌　北斗会　北海

生物多様性調査、インストラクター経験交流など

iii）環境保全型農業に関わる活動
有機農業技術の調査と体系化、環境創造型農業への普及拡大、有機農業政策推進など

iv）国際交流・交易に関わる活動
私たちの貿易ルールづくり、IFOAMでの交流拡大、たべもの通貨の普及など

v）地産地消に関わる活動
ファーマーズマーケットまつり、地産地消まつり、園芸福祉など

vi）新規就農に関わる活動
各地に若者の出会いの会など

とりわけ私は、市民の手によるファーマーズマーケットに取り組みたい。常設でなくても、各地域の都市の真ん中で、ファーマーと市民サポーターの協力で、基本6項目を掲げたファーマーズマーケットを出現させる。これは、農産物を通じた産消交流であり、運動の仲間づくりです。

また、有機農業・環境保全型農業といった国民が支持している農業を支える「有機農業推進法」の実現のための活動や「環境直接支払い」を制度として確立していく活動も大切です。

私たちは、こうした地域内の活動をもとにして、地域のビジョンを練り上げ、地域のビジョンを交流する。そして、地域と地域の連帯を作り出す。意見の違いは運動の幅であると喜び、多様な価値観の結集こそが、価値の一元化をすすめるグローバリゼーションへの対抗軸だと言える豊かな人間関係を作り出したい。そして新しい時代の新しい農業のアイデアを出し合い、元気がでる経験を持ち寄ろう。そこから全国の運動となる展望を生み出していこう。

こうした全国の運動形成を背景にして、「農業を大切にし、たべものの価値を再発見し、食文化を再構築していく地域」を各地に作り出していこう。

⑶集会アピール

本日、ここに農を変えたい！と思って集まった私たちの熱意を、全国の村へ、町へ伝えたい。

私たちは、自給を高め環境を守り育てる日本農業の再構築をめざし、六つの基本方針に賛同してここに集まった。

六つの基本方針は次のとおり。

ひとつ――ひとりひとりの食の国内自給を高める。

ふたつ――未来を担う子どもたちによりよい自然を手渡すため、日本農業を大切にする。

みっつ――農業全体を「有機農業を核とした環境保全型農業」に転換するように取り組む。

よっつ――「食料自給・農業保全」が世界のルールになるよう取り組む。

いつつ――食文化を継承する「地産地消」の実践を進める。

むっつ――新たに農業に取り組む人たちのための条件整備を進める。

私たちは、この基本方針を掲げて地域で仲間作りをすすめる。

グローバリズムの濁流によって「いのちが見えなくなった時代」に、この流れに抗し「いのちの見える地域社会」をめざしたい。

人間が壊れ、暮らしが壊れ、自然も壊されている。その中で農業もまた、壊されようとしている。こうした危機を乗り越えるために、農業生産現場に基礎を置き、農を変革し、農の質を高め、いのち育む農業を創り、あらたな流通に挑戦し、いのちを支える食材をよみがえらせ、〈たべもの〉を中心テーマとしたあらたな連帯をつくりだそう。

仲間づくりは、農業生産者と流通事業者と食品事業者と「たべもの」消費者が同じ生活者の目線で参加する具体的で楽しい「農とたべもの」の活動である。

例えば、以下のような活動をテーマにして集まりをつくりだそう。

ｉ）自給に関わる活動
　　たべものの自給、エネルギーの自給、種の自給、食育など

ii）環境に関わる活動

⑵農を変えたい！3月全国集会プログラム

◆**話題提供1**　日本農業の未来　中島紀一（茨城大学農学部）＋オーガニックプラットフォーム風雲

日本の農業の未来——全国集会の基礎認識　中島紀一

◆**特別報告**　有機農業推進法作成に向けて

ツルネンマルテイ（参議院議員・有機農業推進議員連盟事務局長）

◆**話題提供2**　地域の農と食 ～こう変わる、こう変える～

各地からの声

宇根豊（農と自然の研究所）／尾崎零（大阪府有機農業研究会）／平田啓一（山形おきたま産直センター）／黄倉良二（JA きたそらち）

環境保全型農業を推進する自治体

東修二（北海道農政局食の安全推進室長）／奥田清喜（兵庫県豊岡市助役）

◆**話題提供3**　リレートーク ～北から南から～

北海道　宮嶋望（共働学舎）／小谷栄二（ガラガーエイジ）

東北　岩渕成紀（NPO 田んぼ）／志藤正一（庄内協同ファーム）

関東　山浦康明（日本消費者連盟）／前川隆文（大地を守る会）／五十嵐興子（小学校栄養士）／辻万千子（反農薬東京グループ）

中部・北陸　石塚美津夫（JA ささかみ）／井村辰二郎（金沢農業）／今尾幸造（旬楽膳）／林孝文（愛農高校）

関西　山本嘉紀（秀明自然農法ネットワーク）／橋本慎司（自給をすすめる百姓たち）

中国　渡邊一（出雲すこやか会）

四国　安井孝（愛媛県有機農業研究会）／大村和志（四万十川有機農業者ネットワーク）

九州　元岡健二（株式会社ティア）／岩崎正利（吾妻町有機農業ネットワーク）

【資料1】 農を変えたい！3月全国集会の内容

(1)呼びかけ文

WTO＝グローバリズムの濁流に呑み込まれ、解体・消滅させられようとしている日本農業。「輸出産業に転身すれば、日本農業は大発展」と言い切る小泉首相の「攻めの農政」。

いま改めて、日本農業を守り育てることの意味が切実に問われています。

農業がなくては健康な食生活などあり得ない。豊かな自然もあり得ない。農業がなくては健全な地域社会などあり得ない。地域の文化もあり得ない。いのちの姿が見えなくなろうとしているいま、改めて日本社会の基本的あり方を問い直すことが迫られています。

農は食を支え、いのちを支え、社会を作り、自然を育てます。

農業が時代に潰されようとしているいまだからこそ、そういう農を育てたい。農を変えたい。新しい農を作りたい。社会を変えたい。いのちを大切にする社会を作りたい。

全国各地のそんな思いを、そんな取り組みを、3月25日東京に持ち寄りましょう。

農を変えたい、3月全国集会へ！

資　　料

〔執筆者紹介〕

中島《なかじま》　紀一《きいち》　1947 年生　茨城大学農学部教授
宇根《うね》　豊《ゆたか》　1950 年生　NPO 法人農と自然の研究所代表
麻田《あさだ》　信二《しんじ》　1947 年生　前北海道副知事、農業
中貝《なかがい》　宗治《むねはる》　1954 年生　豊岡市長
安井《やすい》　孝《たかし》　1959 年生　今治市企画振興部企画課政策研究室長
岩崎《いわさき》　正利《まさとし》　1950 年生　農業、NPO 法人日本有機農業研究会幹事
志藤《しとう》　正一《しょういち》　1948 年生　農業、庄内協同ファーム代表理事
井村辰二郎《いむらしんじろう》　1964 年生　金沢農業代表
石塚美津夫《いしづかみつお》　1953 年生　JA ささかみ販売交流課、食農ネットささかみ理事
橋本《はしもと》　慎司《しんじ》　1961 年生　農業、兵庫県有機農業研究会副理事
今井登志樹《いまいとしき》　1949 年生　IFOAM ジャパン事務局長

いのちと農の論理

二〇〇六年一〇月一〇日　初版発行

編著者　中島紀一
監　修　農を変えたい！三月全国集会実行委員会

発行者　大江正章
発行所　コモンズ
東京都新宿区下落合一-五-一〇-一〇〇二
TEL〇三（五三八六）六九七二
FAX〇三（五三八六）六九四五
振替　〇〇一一〇-五-四〇〇一二〇
info@commonsonline.co.jp
http://www.commonsonline.co.jp/

印刷／東京創文社・製本／東京美術紙工
乱丁・落丁はお取り替えいたします。
ISBN 4-86187-027-5 C0061